微分積分を発明したのは，23歳の若者，アイザック・ニュートンです。本書は，ニュートンがどのように微分積分を誕生させたのかをたどりながら，微分積分をゼロから学べる1冊です。"最強に"面白い話題をたくさんそろえましたので，どなたでも楽しく読み進めることができます。微分積分の世界を，どうぞお楽しみください！

ニュートン超図解新書
最強に面白い
微分積分

イントロダクション

0 微分積分ってなに？… 12

コラム 早わかり！ ニュートンの発見と生涯… 16

コラム ～ニュートンはこんな人～
万有引力の法則を発見！… 18

第 1 章
微分積分の誕生前夜

1 大砲を命中させろ！
砲弾の軌道が研究された… 22

コラム 弾はよけられるの？… 26

2 座標を使えば，線を数式であらわせる！… 28

コラム 夢でひらめいたデカルト… 32

3 座標の登場で，
砲弾の軌道が数式になった！… 34

4 二つの変数の関係をあらわすのが「関数」… 38

5 変化していく進行方向を，
正確に知るには？… 42

6 微分法の重要な手がかりとなる「接線」… 46

7 接線は，運動する物体の進行方向を示す… 50

4コマ ニュートン日本に来る… 54

4コマ 運命の予感… 55

第2章
ニュートンがつくった微分法

1 接線を引くには，どうしたらいい？… 58

2 「曲線は，小さな点が動いた跡だ!!」… 62

3 一瞬の間に点が動いた方向を，
計算で求める… 65

4 ニュートンの方法で，
接線の傾きを求めよう①… 68

5 ニュートンの方法で，
接線の傾きを求めよう②… 72

6 曲線上のどの点でも，
接線の傾きがわかる方法①… 76

7 曲線上のどの点でも，
接線の傾きがわかる方法②… 80

コラム ～ニュートンはこんな人～
犬に原稿を燃やされた!?… 84

8 微分すると「接線の傾きをあらわす関数」が
生まれる！… 86

9 微分法を使って,「*y* = *x*」を微分しよう… 90

コラム 〜ニュートンはこんな人〜
猫専用のドアを発明!?… 94

10 関数を微分するとみえてくる
「法則」とは?… 96

11 微分すると,「変化のようす」がわかる!… 99

12 高校の数学で教わる接線の引き方は?… 102

13 微分で使う記号や計算の
ルールをチェック!… 106

コラム Twitterは微分を活用!… 110

コラム 〜ニュートンはこんな人〜
熱心に取り組んだ錬金術… 112

4コマ 全国デビュー… 114

4コマ 放物線… 115

第3章
微分と積分の統一

1 積分法の起源は，2000年前の古代ギリシア！… 118

2 積分の発想で，星の運動の法則やたるの容積を求めた… 122

3 17世紀に，積分の技法が洗練されていった… 126

コラム ロマネ・コンティはなぜ高い？… 130

4 直線の下側の面積は，どうあらわせる？①… 132

5 直線の下側の面積は，どうあらわせる？②… 136

6 曲線の下側の面積は，どうやって計算する？①… 140

7 曲線の下側の面積は，どうやって計算する？②… 144

8 関数を積分するとみえてくる「法則」とは？… 148

9 ニュートンの大発見で，微分と積分が一つに！… 151

10 積分で使う記号や計算のルールをチェック！… 154

11 積分するとあらわれる積分定数「C」とは？… 157

12 ある決まった範囲の面積を求める方法… 160

コラム バッテリー残量は積分で計算… 164

コラム 創始者をめぐる泥沼の争い… 166

第4章
微分積分で"未来"がわかる

1 接線の傾きが,「速度」をあらわすこともある… 170

2 ロケットの高度を予測してみよう！… 174

3 速度の関数を積分すると,高度がわかる！… 178

4 計算どおりにやってきたハレー彗星… 182

Q 恋の告白曲線！… 186

A 告白大成功!?… 188

4コマ あの木… 190

4コマ 帰還… 191

コラム ～ニュートンはこんな人～
「浜辺で遊んでいる少年」… 192

さくいん… 194

イントロダクション

「微分積分（微分と積分）」は，科学の歴史の中で，革命的な数学の手法とされています。微分積分の創始者の1人は，イギリスの天才科学者のアイザック・ニュートン（1642～1727）です。イントロダクションでは，微分積分とは何か，ニュートンとはどんな人物だったのかを，簡単に紹介しましょう。

0 微分積分ってなに？

微分積分は，
物事の変化を計算する数学

「微分積分」と聞くと，どんな印象を受けますか。高度な数学で，どんな役に立つの？　なんて思っている人もいるかもしれませんね。

微分積分は，英語では「calculus」といい，「計算（calculation）の方法」という意味があります。どんなところで使うのかといえば，建築物の強度，人工衛星の軌道，台風の進路予想，経済状況の変化などを知りたいときに使われています。現代の社会を，根底から支えている計算手法といっても過言ではありません。

微分積分は，簡単にいえば，物事がどのように「変化」するのかを計算する数学です。たとえば，発射された砲弾の速度から，その砲弾が数秒後

0 微分積分で，"未来"を予測

微分積分の登場によってはじめて，発射された砲弾や天体といった，運動する物体の刻々と変化する位置や速度を，正確に計算できるようになりました。

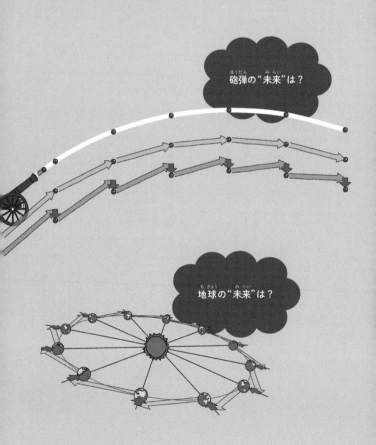

砲弾の"未来"は？

地球の"未来"は？

にどこを，どんな速度で飛んでいるかを計算できます。つまり，微分積分を使えば，"未来"を予測できるのです。

創始者は，
アイザック・ニュートン！

　微分積分の創始者の1人は，イギリスの天才科学者のアイザック・ニュートンです。ニュートンは，23歳の若さで，革命的な数学の手法である微分積分を発見しました。この本では，ニュートンの思考をたどりながら，微分積分とは何かにせまります。

【本書の主な登場人物】

アイザック・ニュートン
（1642〜1727）
「微分積分法」「万有引力の法則」「光の理論」の三つの大発見を，23〜24歳でなしとげた天才。

ダイヤモンド

女子中学生

男子中学生

15

早わかり！
ニュートンの発見と生涯

　微分積分をはじめ，生涯を通して，科学史を塗りかえる成果をいくつもあげたアイザック・ニュートン。物理学者として有名ですが，**偉大な数学者でもあったのです。また，神学者や錬金術師として**の顔ももっていました。

　ニュートンは，18歳で名門のケンブリッジ大学へ進学しました。大学では，イタリアの天文学者で自然学者のガリレオ・ガリレイ（1564〜1642）や，フランスの哲学者で数学者のルネ・デカルト（1596〜1650）などの本を熱心に読みました。微分積分の発明につながる数学の知識も，このころに得ています。

　大学生だった1665年，ロンドンでペスト（ペスト菌が引きおこす感染症）が流行しました。ニュートンは故郷にもどり，静かな環境で集中して研

究に取り組みました。その結果，1665年から1666年にかけて，「微分積分法」「万有引力の法則」「光の理論」を立てつづけに発見しました。のちにこの期間は，「驚異の諸年」とよばれます。

年 表

イギリス
ウールスソープ
ケンブリッジ
ロンドン

1642年（誕生）	12月25日のクリスマスの日に，イギリス（イングランド）のウールスソープで生まれる
1661年（18歳）	ケンブリッジ大学に入学
1665〜1666年（23〜24歳）	「微分積分」「万有引力の法則」「光の理論」を発見（驚異の諸年）
1669年（27歳）	ケンブリッジ大学の数学教授になる
1670年前後	錬金術（さまざまな物質を化学的に金にかえる方法）の研究に熱中
1671年（29歳）	反射望遠鏡を作製。国王に提供する
1684年（42歳）	「万有引力の法則」などを解説した著書『プリンキピア（自然哲学の数学的諸原理）』の執筆を開始
1687年（45歳）	『プリンキピア』出版
1693年（51歳）	神経衰弱になる
1704年（62歳）	著書『光学』出版。この本の付録「求積論」の中で，微分積分に関する成果を発表
1705年（63歳）	女王から「ナイト」の称号をさずかる
1727年（84歳）	結石のためロンドンの自宅で亡くなる。ロンドンのウエストミンスター寺院に埋葬された

注：現代の「グレゴリオ暦」ではなく，当時の「ユリウス暦」であらわしています。

17

～ニュートンはこんな人～
万有引力の法則を発見！

　ニュートンの最も有名な業績の一つに、「万有引力の法則」の発見があります。万有引力の法則は，地上のリンゴも宇宙の月も，あらゆる物（万物）が質量に比例した力で引き合っているとする法則です。地上と宇宙では物理法則がまったくこととなると考えられていた当時の常識を，根底からくつがえす革命的な考え方でした。

　しかし，ニュートンは論争に巻きこまれるのをきらったためか，自身の成果をあまり公表しませんでした。万有引力の法則は，45歳のときに出版された，科学史上最も重要な本の一つといわれる著書『プリンキピア（自然哲学の数学的諸原理）』によって，広く知られることとなります。

　ニュートンは，木から落ちるリンゴを見て万有引

力の法則を思いついたといわれています。 実際に
ウールスソープにあるニュートンの生家の庭にも，
リンゴの木が生えています。しかしこのエピソード
の真偽のほどは，わかっていません。

微分積分（calculus）を発見した私は，84歳で結石（同じく英語calculus）によって生涯を閉じました。

アイザック・ニュートン

第1章

微分積分の
誕生前夜

　微分積分は，17世紀に，ニュートンによって発明されました。しかし微分積分のすべてを，ニュートンがゼロから発明したわけではありません。第1章では，微分積分が誕生する以前の，先人たちの取り組みをみていきましょう。ガリレオやデカルトといった，有名人が登場しますよ。

大砲を命中させろ！
砲弾の軌道が研究された

砲弾の軌道は，どんな形？

　16 ～ 17世紀のヨーロッパでは，各国がヨーロッパの覇権をめぐって戦争をくりかえしていました。強大な威力をもつ大砲を命中させようと，砲弾の軌道がさかんに研究されました。砲弾の軌道の研究は，のちの微分積分の発展につながります。

　砲弾の軌道がどのような形をしているのかという疑問に答えたのは，イタリアの天文学者で自然学者のガリレオ・ガリレイ（1564 ～ 1642）でした。

ガリレオは，
速度を二つに分けて考えた

　空中に打ちだされた砲弾は，もし地球の重力がなければ，発射された方向へとまっすぐ飛んでいきます。これを「慣性の法則」といいます。しかし，実際には地球の重力によって，砲弾は地面に向かって落ちていきます。

　そこでガリレオは，砲弾の進む速度を，水平方向と重力を受ける方向（下向き）の二つに分けて考えました。そして，水平方向の速度は変化せず，下向き（上下方向）の速度だけが時間とともに速くなっていくことを示しました。このような運動の結果，砲弾の軌道は「放物線」をえがくのです。

1 砲弾の軌道は放物線

砲弾の「上下方向」の速度に注目すると，最初は上向きだったのが徐々に遅くなり，やがてゼロになります。その後，下向きの速度になり，加速します。

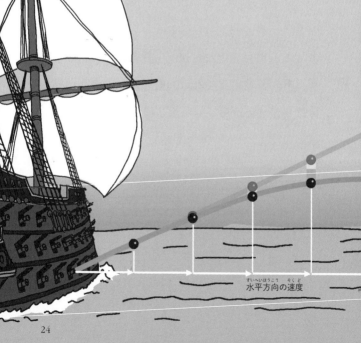

水平方向の速度

24

砲弾だけでなく，物を投げたときの
軌跡も放物線をえがくよ。

注：現実には空気抵抗があるため，砲弾の軌道は
　　完全な放物線になりません。

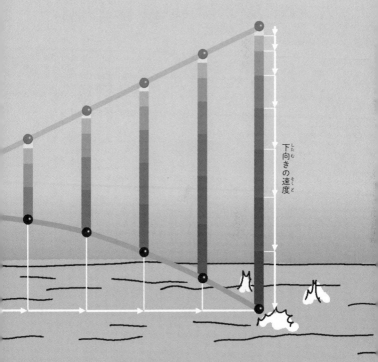

下向きの速度

弾はよけられるの？

微分積分の発明によって，さまざまなものの変化を計算できるようになりました。速度がわかれば，銃や大砲から発射された弾が，数秒後に，どこをどのような速さで飛んでいるのかも知ることができます。

ところで，銃や大砲から発射される弾を，よけることはできるのでしょうか。発射された弾の速度は，「44（フォーティーフォー）マグナム」という拳銃で秒速約360メートル，ライフル銃で秒速700〜1100メートルほどです。戦車の大砲では，秒速1800メートル以上のものもあります。音速は秒速340メートルですから，弾は音よりも速く到着します。つまり，微分積分で弾の軌道がわかったとしても，弾が発射されたときの音をたよりに弾をよけることは不可能でしょう。

ただし，光速は秒速約30万キロメートルあるので，光は弾よりも速く到着します。弾が発射されたときの火花や煙が見えれば，弾をよけることができるかもしれません。

44マグナム

ライフル銃

戦車

みんな音より速いんだ〜。

音速	秒速340メートル
44マグナム	秒速約360メートル
ライフル銃	秒速700〜1100メートル
戦車の大砲	秒速1800メートル以上

座標を使えば，線を数式であらわせる！

座標は，位置を数であらわしたもの

　17世紀に入ると，微分積分の発展に欠かせない「座標」の考え方が登場します。**座標とは，平面上の位置を，原点からの「縦」と「横」の距離であらわしたものです。**地図の「緯度」「経度」と考え方は同じです。

　数学ではよく，原点からのびる横軸を「x軸」，原点からのびる縦軸を「y軸」とよび，xとyの値のペアで表現します。たとえば，原点の座標は，xもyもゼロなので，$(x, y) = (0, 0)$となります。

2 線をxとyの式であらわす

①の「$y=x$」の直線は，xとyの値が等しい点を通る直線です。②〜④の式も，直線や曲線が通る点のxとyの関係を示しています。

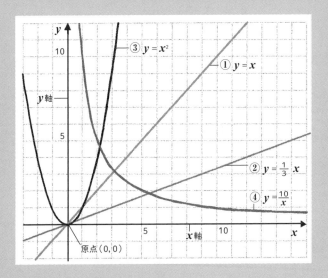

数式は，特別な事情がないかぎり，「$y=$……」の形であらわすのが普通です。

29

線を，x と y の式であらわせる！

座標を使うと，直線や曲線を x と y の式であらわすことができます。 $(x, y) = (0, 0)$, $(1, 1)$, $(2, 2)$, $(3, 3)$, …… を通る直線は，「$y = x$」と表現されます（29ページのイラスト①）。同じように，$(x, y) = (0, 0)$, $(1, \frac{1}{3})$, $(2, \frac{2}{3})$, $(3, 1)$, …… を通る直線は，「$y = \frac{1}{3}x$」となります（29ページのイラスト②）。

$(x, y) = (0, 0)$, $(1, 1)$, $(2, 4)$, $(3, 9)$, …… を通る曲線には，「$y = x^2$」があります（29ページのイラスト③）。$(x, y) = (1, 10)$, $(2, 5)$, $(4, \frac{5}{2})$, $(5, 2)$, …… を通る曲線には，「$y = \frac{10}{x}$」があります（29ページのイラスト④）。

memo

夢でひらめいたデカルト

座標を発明したといわれる人物の1人が、フランスの哲学者で数学者のルネ・デカルト（1596～1650）です。デカルトはある夜、座標を使って図形と数式を結びつけることに、夢の中で気づいたのだといいます。

1637年、デカルトの著書『自分の理性を正しく導き、諸学において真理を探求するための方法についての話〔序説〕。加えて、その方法の試みである屈折光学、気象学、幾何学』が、匿名で出版されます。「われ思う、ゆえにわれあり」という、デカルトの有名な言葉も、この本に登場します。

デカルトは、少しでも疑わしいと思うものを徹底的に排除することで、疑いようのない真理を探究しようと考えました。その結果、すべてのことが疑わ

しいとしても，疑わしいと考えている自分は確かに存在するということに気づきました。これが，「われ思う，ゆえにわれあり」の意味です。このことを第一の原理として，デカルトは哲学を形成したのです。

注：実際のデカルトの座標は，x軸とy軸の2本ではなく，1本の軸でした。

座標の登場で，砲弾の軌道が数式になった！

砲弾の位置を，座標であらわそう

　砲弾の発射地点を原点とし，x軸を発射地点からの水平方向の距離，y軸を高さとすれば，発射された砲弾がえがく放物線をxとyの式で表現することが可能です。

　まずは，砲弾の位置を座標であらわしてみましょう。発射地点から20メートルはなれた場所の砲弾の高さが19メートルだったとします。これは座標で，$(x, y) = (20, 19)$とあらわせます。その後に通過した距離40メートルで高さ36メートルの位置は，座標で$(40, 36)$とあらわせます。

放物線の式に，座標の値をあてはめよう

　砲弾の軌道は，「放物線」です。放物線は一般的に，「$y = ax^2 + bx + c$」という形の数式であらわされます。y と x は変化する数（変数），a, b, c は一つの値に定まった数（定数）です。この数式に，先ほどの座標の値 (x, y) をあてはめて計算すると，$a = -\frac{1}{400}$，$b = 1$，$c = 0$ であることがわかります。つまり，この砲弾の軌道は，「$y = -\frac{1}{400}x^2 + x$」という数式であらわせるのです。

数式に座標の値をあてはめることを「代入」というよ。

3 砲弾の軌道が数式になった

座標によって，現実の世界でおきる現象を数式であらわせるようになりました。現実の世界の現象を，数学の問題としてあつかえるようになったのです。

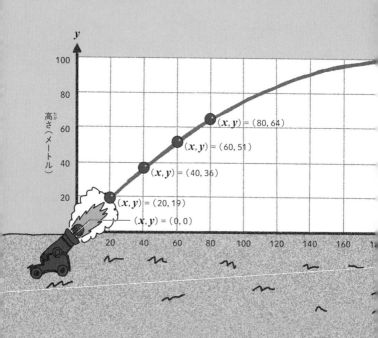

$(x, y) = (80, 64)$

$(x, y) = (60, 51)$

$(x, y) = (40, 36)$

$(x, y) = (20, 19)$

$(x, y) = (0, 0)$

高さ（メートル）

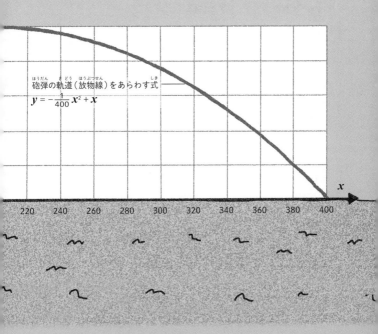

砲弾の軌道（放物線）をあらわす式

$$y = -\frac{1}{400}x^2 + x$$

220　240　260　280　300　320　340　360　380　400

x

4 二つの変数の関係を あらわすのが「関数」

一つの変数の値が決まると, もう一方も決まる

前のページで，砲弾の発射地点からの距離を「x」とすると，砲弾の高さ「y」は，「$y = -\frac{1}{400}x^2 + x$」とあらわせることを紹介しました。たとえば，発射地点からの距離が100メートルだったとすると，砲弾の高さは，$y = -\frac{1}{400} \times 10000 + 100 = 75$メートルとなります。

このように二つの変数があって，一方の変数の値が決まるともう一方の変数の値が一つに決まる対応関係のことを，「関数」とよびます。

「$y = -\frac{1}{400}x^2 + x$」では，変数$x$の値が決まると，もう一方の変数$y$の値が一つに決まるので，「$y$は$x$の関数である」と表現します。

「関数」とよびはじめたのは, ライプニッツ

関数は, 英語で「function」といいます。function は, 「機能」や「作用」という意味をもつ言葉です。「y が x の関数である」ということを, function の頭文字「f」を用いて, 「$y = f(x)$」と表現することがあります。ニュートンとともに微分積分の創始者といわれるドイツの哲学者で数学者のゴットフリート・ヴィルヘルム・ライプニッツ（1646 〜 1716）が, 関数の考え方に近いものをラテン語で「functio」とよびはじめたことに由来します。

$f(x)$ はそのまま「エフエックス」と読むんだワン。

4 関数は，不思議な入れ物

関数は，「ある数を入れると，中で何らかの計算をして，その計算結果を返してくれる不思議な入れ物」にたとえることができます。

関数のイメージ

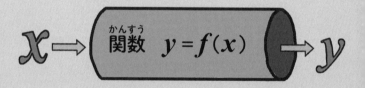

具体的な関数の例

$x=1 \Rightarrow$ $y = 3x + 2$ $\Rightarrow y=5$
$x=2 \Rightarrow$ $\Rightarrow y=8$

$x=1 \Rightarrow$ $y = x^{100}$ $\Rightarrow y=1$
$x=2 \Rightarrow$ $\Rightarrow y=1.267\cdots\times10^{30}$

$x=1 \Rightarrow$ $y = 3^x - 2x^2$ $\Rightarrow y=1$
$x=2 \Rightarrow$ $\Rightarrow y=1$

41

5

変化していく進行方向を，正確に知るには？

砲弾の進行方向は，変化していく

砲弾の軌道を数式であらわせると，空を飛ぶ砲弾の発射地点からの距離（x）と高さ（y）を計算できるようになります。では，次の問題には答えられるでしょうか？ **「発射された砲弾の『進行方向』は，時間とともにどう変化していくのか？」**

斜め上に発射された砲弾は，44 〜 45 ページのイラストのように，徐々に進行方向が下向きに傾いていきます。発射した瞬間と発射1秒後では，砲弾の進行方向はちがいます。そのわずか0.0001秒後でも，進行方向は変化しています。

変化のしかたを求められる
"新しい数学"が必要

　砲弾の軌道をあらわす数式からは，砲弾がどのように進行方向をかえながら飛んでいくのかは読みとれません。

　たえず変化していく進行方向を正確に知るためには，変化のしかたを計算で求めることができる"新しい数学"が必要でした。この"新しい数学"こそが，のちに登場する「微分法」です。そして，微分法の重要な手がかりとなるのが，46ページで紹介する「接線」です。

軌道をあらわす数式にいくら数値をあてはめて計算しても，進行方向を求めることはできません……。

43

5 砲弾の進行方向の変化

砲弾の進行方向は，たえず変化していきます。当時は，そのような変化のしかたを計算で求めることができる数学的な手法は，存在しませんでした。

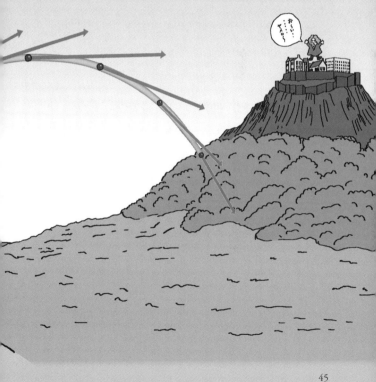

45

6

微分法の重要な手がかりとなる「接線」

円と1点で接する直線が、円の「接線」

　砲弾の進行方向の変化のしかたを求めるには、どうすればいいのでしょうか？　その手がかりとなるのが、「接線」です。

　たとえば、円に向かって直線を少しずつ近づけていくと、円と直線が1点で接するときがあります。このとき、接した点を「接点」といい、接した直線を「接線」とよびます（48〜49ページのイラストの黒い直線）。円とまじわらない直線や、2点でまじわっている直線は、円の接線ではありません。また、一つの接点には、一つの接線しか引けません。

一つの点に引ける接線は，
1本しかない

　放物線（2次曲線）の接線も，円と同じく1点で接します。2点でまじわる直線は，放物線の接線ではありません。ところが，49ページの下のイラストのような曲線（3次関数）の場合，接線であっても曲線と2点でまじわります。接線のなかには，曲線と2点以上でまじわるものもあるので，注意してくださいね。

　重要なのは，どんな曲線でも，曲線上のある点（接点）に引ける接線は1本しかないという性質です。

この接線が，どうして砲弾の進行方向の変化を求める手がかりになるのかしら？

6 さまざまな曲線の接線

イラストの黒い直線が接線です。イラストでは，円や曲線の接点と接線の例を一つだけえがきましたが，接点の位置をかえることで，接線は無数に引くことができます。

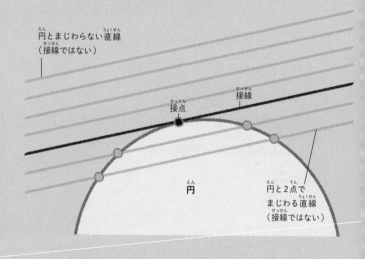

円とまじわらない直線
（接線ではない）

接点

接線

円

円と2点で
まじわる直線
（接線ではない）

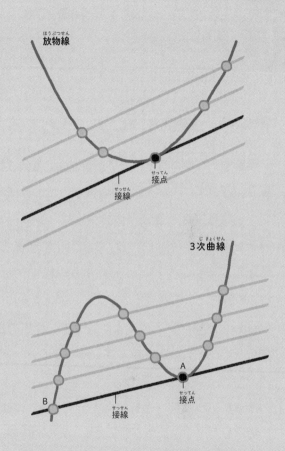

放物線

接点

接線

3次曲線

A

接点

B

接線

注：接線とは何かを定義するには，曲線とまじわる点の数だけでは
不十分で，「極限」という考え方が必要です（102～105ページ）。

接線は，運動する物体の進行方向を示す

物体は，接線方向に進もうとする

運動する物体の軌道に引いた接線は，それぞれの瞬間の進行方向を示しています。たとえばハンマー投げでは，自分の体を中心にハンマーを円運動させて，勢いをつけてほうり投げます。円運動するハンマーは，それぞれの瞬間では，円の接線方向に向かって進もうとしています。その証拠に，ロープを放すと，ハンマーは円の接線の方向に飛んでいきます（53ページのイラスト）。

接線がある瞬間の進行方向を示すというのは，放物線をえがく運動でも同じです。大砲の砲弾をはじめ，放物線をえがいて飛ぶ物体は，それぞれの瞬間に放物線の接線方向に進もうとしているのです。

「接線問題」が発生！

曲線のすべての点での接線を計算で求めることができれば，進行方向の変化のしかたを正確に知ることができそうです。この問題は「接線問題」とよばれ，デカルトやフェルマーといった当時最高の数学者たちも取りくみましたが，完全には解決できませんでした。この接線問題に答えを出したのが，ニュートンなのです。

接線問題を解決することが，
微分法の発見につながるのです！

7 ハンマーの進行方向

円運動するハンマーは，ロープで中心方向にひっぱられること
で，円運動をつづけます。中心方向にひっぱる力がなくなる
と，ハンマーは接線方向に飛んでいきます。

円運動する
ハンマーの軌道

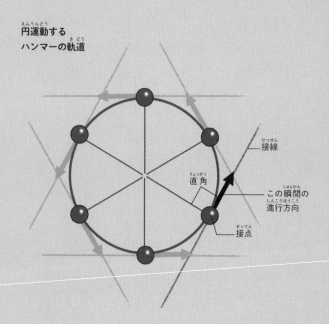

接線

直角

この瞬間の
進行方向

接点

52

ハンマー投げ

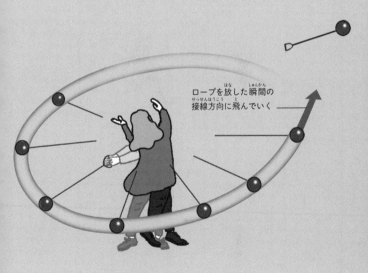

ロープを放した瞬間の
接線方向に飛んでいく

ニュートン日本に来る

ある朝、目が覚めると

TOKYO

！

そこは現代の日本だった

本屋

Newton
最新号!!

ニュ……!?

変数によく使われる文字　　定数によく使われる文字

ニュートンが
つくった微分法

学者たちを悩ませつづけた「接線問題」に，ついにニュートンが答えを出します。そして接線問題を解決したニュートンは，「微分法」をつくりあげます。微分法とは，接線の傾きを求める方法です。第2章では，ニュートンがどのようにして微分法をつくったのかをみていきましょう。

接線を引くには, どうしたらいい？

曲線に接線を引くのは, むずかしい

　円に接線を引くのは簡単です。円の中心と接点を結ぶ直線に対して，直角に交わる直線を引けばよいからです。ところが放物線のように，場所によって曲がりぐあいがちがう曲線には，接線を引くための簡単な方法はありません。

　なお，ここでいう「接線を引く」とは，「接線を数式であらわす」ということです。たとえ紙と鉛筆を使って接線を「適当に」引けたとしても，厳密に数式であらわすのはむずかしいのです。

「傾き」がわかれば，
接線が引ける！

放物線上にある，点Aの接線を考えてみましょう。点Aを通る直線は無数にあります。ただし，一つの接点に対して接線は1本だけですから，点Aを通る直線のうち，点Aの接線は1本だけです。

いったいどうすれば，正しい接線を引くことができるでしょうか？　**そのためには，接線の正確な「傾き」を知ればよいのです。**

「傾き」とは，水平な直線に対して直線がどれだけ傾いているかをあらわす値です。点Aの接線の正確な「傾き」を計算で求めることができれば，直線は一つに決まります。つまり，接線を引くことができるのです。

1 接線を引くには傾きが必要

円の接線は,「円の中心と接点を結ぶ直線に対して,直角に交わる直線」なので簡単に決まります。しかし放物線の場合は,接線を決めるのがとても大変です。

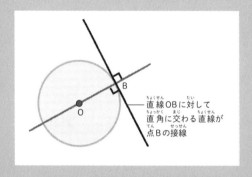

直線OBに対して
直角に交わる直線が
点Bの接線

接線の傾きがわかれば,
直線を一つにしぼることができるよ。

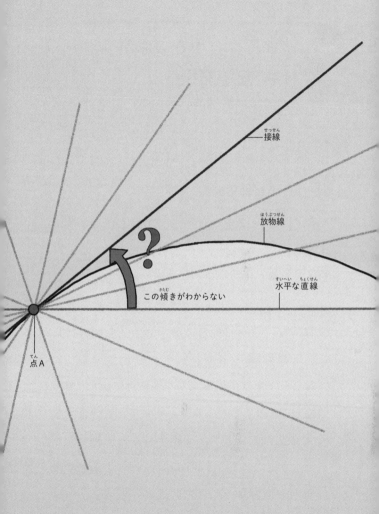

接線

放物線

水平な直線

この傾きがわからない

点A

2 「曲線は，小さな点が動いた跡だ!!」

接線を引くいい方法は，ないだろうか

　1664年，イギリスのケンブリッジ大学の3年生だった22歳のニュートンは，デカルトなどが書いた書物を読み，最先端の数学を学びはじめます。そして，なんと1年もたたないうちにそれらを習得し，さらに独自の数学的手法を編みだしていくようになります。

　ニュートンは，学者たちを悩ませていた「接線問題」にも取りくみました。そして，次のような考え方をすることで，接線を引く方法をつくりあげようとしました。それは，「紙の上にかかれた曲線や直線は，時間の経過とともに小さな点が動いた跡だ!!」という考え方です。

2 ニュートンの"頭の中"

ニュートンは，動く点の瞬間瞬間の進行方向を計算して，接線の傾きを求めようとしました。

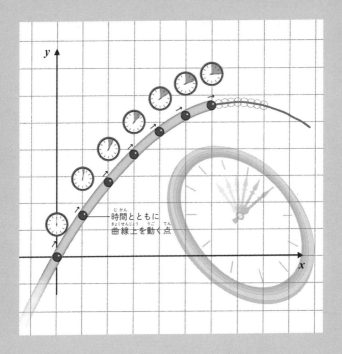

時間とともに
曲線上を動く点

直線や曲線は，時間の経過とともに小さな点が動いた跡だと考えたらわかりやすいよね！

63

突破口になったアイデア

　点が動いていると考えると，曲線上のあらゆる点は，「その瞬間の進行方向」をもつことになります。

　学者たちは，運動する物体の軌道に引いた接線の傾きを計算することで，物体の進行方向を求めようとしました。**ニュートンは逆に，動く点の進行方向を計算することで，接線の傾きを求めようと考えました。**

　このアイデアをもとに，ニュートンは独自の計算方法をつくりあげていくのです！

小さな点が動くことで，
曲線はできているって
ことね！

3 一瞬の間に点が動いた方向を，計算で求める

「*o*（オミクロン）」という記号を考案

ニュートンは，ほんの一瞬の時間をあらわす「*o*」という記号を取りいれることで，動く点の進行方向，すなわち接線の傾きを計算しようとしました。

　曲線上を動く点が，ある瞬間に「点A」にいたとします。その瞬間から「*o*」の時間がたつと，動く点は「点A'」に移動しています。動く点が*x*軸方向に移動する速度を「*p*」とすると，*x*軸方向に移動した距離は，時間「*o*」に速度「*p*」をかけて「*op*」とあらわせます。同様に，*y*軸方向に移動した距離は，「*oq*」とあらわせます（67ページのイラスト）。

点Aの接線の傾きをあらわせる

　数学では，直線の「傾き」を，「水平方向に進んだ距離に対してどれだけ上がったか」であらわします。たとえば，x軸方向に3進み，y軸方向に2上がる直線の傾きは，$\frac{2}{3}$ です。

　右のイラストの場合，時間「o」の間に，動く点はx軸方向に「op」進み，y軸方向に「oq」進んでいます。**つまり，動く点が瞬間的に移動してできた直線A－A'の傾きは，「$\frac{oq}{op}$」（ $=\frac{q}{p}$ ）であらわせます。** この「$\frac{q}{p}$」が，点Aにおける動く点の進行方向であり，接線の傾きなのです。

「o（オミクロン）」は
ギリシア文字なんだワン。

3 動く点の一瞬の間の進行方向

ニュートンは，動く点がx軸方向に進む速度を「p」，y軸方向に進む速度を「q」とあらわしました。進んだ距離はx軸方向に「op」，y軸方向に「oq」，直線A－A'の傾きは，「$\dfrac{oq}{op}$」（$= \dfrac{q}{p}$）となります。

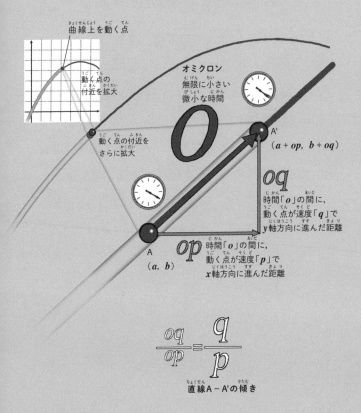

曲線上を動く点

動く点の付近を拡大

動く点の付近をさらに拡大

オミクロン
無限に小さい微小な時間

A'
$(a + op, \; b + oq)$

oq
時間「o」の間に，動く点が速度「q」でy軸方向に進んだ距離

A
$(a, \; b)$

op
時間「o」の間に，動く点が速度「p」でx軸方向に進んだ距離

$$\frac{oq}{op} = \frac{q}{p}$$

直線A－A'の傾き

67

ニュートンの方法で，接線の傾きを求めよう①

まずは，動く点の移動を考えよう

ニュートンの方法を使って，接線の傾きを実際に計算してみましょう。「$y = x^2$」であらわされる曲線上の点A（3，9）の接線の傾きを求める問題を用意しました（70ページのイラスト）。

まずはニュートンの考え方にならい，動く点が点A（3，9）にやってきた瞬間を考えましょう。その後，時間「o」の間に点が移動した距離を，「op」や「oq」を使ってあらわします（71ページのイラストのステップ1）。

きわめて短い曲線を，直線とみなす

　ニュートンの考え方では，曲線上を小さな点が動いています。**動く点は，点A（3，9）の場所に来た瞬間から「o」の時間のあと，点A'（3＋op，9＋oq）へと移動しています。**

　動く点は曲線上を動いているため，点が移動した跡「A－A'」も曲線です。しかし，無限に小さい時間「o」の間に動いた距離はきわめて短いので，直線とみなすことができるとニュートンは考えました。すると，この「直線A－A'」は，動く点の点Aでの進行方向であり，接線と等しいとみなせます。

三つのステップで，接線の傾きの求め方をじっくり考えよう。

4 点Aの接線の傾きは？

【問題】

$y = x^2$ 上の点A $(3, 9)$ の接線の傾きは？

接線の傾きを，3ステップで求めましょう。「ステップ1」は71ページ，「ステップ2」と「ステップ3」は74〜75ページです。「ステップ1」では，動く点の移動を考えましょう。

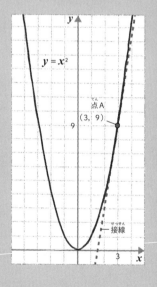

$y = x^2$

点A
$(3, 9)$

9

接線

3

ニュートンは，曲線もごくごく
短い区間を切り取ると，直線と
みなせると考えたワン！

ステップ 1　動く点の時間「 o 」の間の移動を考えよう

点A (3, 9) 付近の拡大図

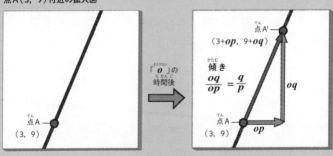

点A
(3, 9)

「 o 」の
時間後

点A'
(3+op, 9+oq)

傾き
$$\frac{oq}{op} = \frac{q}{p}$$

oq

点A
(3, 9)

op

71

5

ニュートンの方法で，接線の傾きを求めよう②

いよいよ点Ａの接線の傾きを計算しよう

　前のページのステップ1で求めた，動く点が時間「o」のあとに移動した点A'（$3 + op$, $9 + oq$）の座標の値を，曲線の式「$y = x^2$」に代入してみましょう（74ページのイラストのステップ2）。そして，動く点が移動してできた「直線A－A'」の傾き「$\dfrac{q}{p}$」を求めましょう（75ページのイラストのステップ3）。

　計算の結果，点A（3，9）の接線の傾きは，「6」であることがわかります。 こうしてニュートンの方法で，接線の傾きが求められるのです。

この方法こそが「微分法」!

　ニュートンの接線の傾きを求める方法は,「流率法」とよばれています。ニュートンが,曲線上を動く点の速度を「流率(fluxio)」とよんだためです。この流率法こそが,「微分法」です。微分法とは,接線の傾きを求める方法なのです。

　流率法の基本的なアイデアが考案されたのは,1665年だといわれています。ニュートンが本格的に数学を研究しはじめてから,わずか1年。23歳のころでした。

23歳でこんなアイデアを思いつくなんて,天才!

5 求めたいのは，傾き「$\dfrac{q}{p}$」

「ステップ2」で点A'の座標を曲線の式に代入し，
「ステップ3」で接線の傾きを計算します。

ステップ2　点A'の座標を，曲線の式に代入しよう

点A'のx座標は$3 + op$，y座標は$9 + oq$です。
点A'は曲線「$y = x^2$」上の点ですから，$y = x^2$に，
$y = 9 + oq$，$x = 3 + op$を代入できます。

$$y = x^2$$
$$(9 + oq) = (3 + op)^2$$
$$9 + oq = 9 + 6op + o^2p^2$$
$$oq = 6op + o^2p^2$$
$$[両辺を「o」で割る] \quad q = 6p + op^2$$

ニュートンは，最後に残る「*op*」は
無視できると考えたんだニャ。

ステップ 3　接線の傾きを求めよう

求めたいのは，直線 A – A' の傾き「$\dfrac{q}{p}$」です。ただし，
「*p*」や「*q*」が，それぞれどんな値であるかはわかり
ません。そこで，左辺に「$\dfrac{q}{p}$」が来るように式を変形
して，「$\dfrac{q}{p}$」の値を求めることをめざします。

[両辺を「*p*」で割る]　　　$\dfrac{q}{p} = 6 + op$

「*o*」の値は限りなく小さいので，右辺の「*op*」は無視
できるとニュートンは考えました。

【答】　点Aの接線の傾き　$\dfrac{q}{p} = 6$

6

曲線上のどの点でも，接線の傾きがわかる方法①

ある点Aを，aを使ってあらわそう

　68〜75ページでは，曲線「$y = x^2$」上の点A（3，9）の接線の傾きを求めました。しかし，ほかの点の接線の傾きを，この方法でいちいち計算するのは大変です。

　そこで，「$y = x^2$」上のどの点の接線の傾きもすぐに求めることができる，万能の方法を考えてみましょう。

　まず，曲線「$y = x^2$」上のある点Aを，定数aを使ってあらわします。点Aのx座標をaとすると，「$y = x^2$」なので，点Aのy座標はa^2になります。つまり，点Aの座標は(a, a^2)です。定数aを使えば，ある点Aが「$y = x^2$」上のどこにあっても，(a, a^2)とあらわすことができるのです。

今度は，この点A(a, a^2)の接線の傾きを求めてみましょう（78ページのイラスト）。

動く点の移動を考えよう

数字が文字に変わりましたが，計算方法はまったく同じです。ごく短い時間「 o 」の間に，動く点が点Aから点A'に移動したとします。動く点はx軸方向にop，y軸方向にoqだけ移動したので，点A'の座標は$(a + op, a^2 + oq)$となります（79ページのイラストのステップ1）。

ここから紹介するのは，68〜75ページの方法よりも便利なものだよ。

6 ある点Aの接線の傾きは？

【問題】

$y = x^2$上のある点A(a, a^2)の接線の傾きは？

接線の傾きを，3ステップで求めましょう。「ステップ1」は79ページ，「ステップ2」と「ステップ3」は82〜83ページです。「ステップ1」では，動く点の移動を考えましょう。

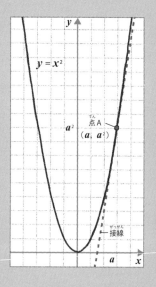

数字が文字に置きかわったけど，計算していることは同じだワン！

ステップ 1　動く点の時間「*o*」の間の移動を考えよう

点A(a, a^2)付近の拡大図

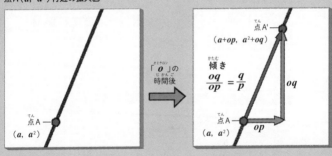

点A
(a, a^2)

「*o*」の時間後

点A'
$(a+op, a^2+oq)$

傾き
$$\frac{oq}{op} = \frac{q}{p}$$

点A
(a, a^2)

op

oq

79

7

曲線上のどの点でも，接線の傾きがわかる方法②

ある点Aの接線の傾きを計算しよう

　ステップ1で求めた，動く点が時間「o」のあとに移動した点A'($a + op$, $a^2 + oq$)の座標の値を，曲線の式「$y = x^2$」に代入しましょう（82ページのイラストのステップ2）。そして，動く点が移動してできた「直線A－A'」の傾き「$\dfrac{q}{p}$」を求めましょう（83ページのイラストのステップ3）。

　計算の結果，点A(a, a^2)の接線の傾きは，「$2a$」であることがわかります。これはいったい，何を意味するのでしょうか？

接線の傾きをあらわす"万能な式"

$a = 3$ のとき，点 $(a,\ a^2)$ は点 $(3,\ 9)$ のことであり，その接線の傾きは $2a = 2 \times 3 = 6$ になります。つまり，点A $(a,\ a^2)$ の接線の傾きが「$2a$」だということを利用すれば，68〜75ページで行ったような計算をすることなく，点 $(3,\ 9)$ の接線の傾きを簡単に求めることができます。

$a = 3$ の場合に限らず，これは a がどんな値であってもなりたちます。**つまり「$2a$」は，「$y = x^2$」上のあらゆる点で，接線の傾きをあらわす "万能な式" なのです。**

ステップ1〜3の計算方法
そのものは，68〜75ページのものと同じだよ。

81

7 求めたいのは，傾き「$\dfrac{q}{p}$」

「ステップ2」で点A'の座標を曲線の式に代入し，
「ステップ3」で接線の傾きを計算します。

ステップ 2 点A'の座標を，曲線の式に代入しよう

点A'のx座標は$a + op$，y座標は$a^2 + oq$です。
点A'は曲線「$y = x^2$」上の点ですから，$y = x^2$に，
$y = a^2 + oq$，$x = a + op$を代入できます。

$$y = x^2$$
$$(a^2 + oq) = (a + op)^2$$
$$a^2 + oq = a^2 + 2aop + o^2p^2$$
$$oq = 2aop + o^2p^2$$

［両辺を「o」で割る］ $\quad q = 2ap + op^2$

こうして求めた傾き「2a」は，aがどんな値でもなりたつんだよ!!

　接線の傾きを求めよう

求めたいのは，直線A – A'の傾き「$\dfrac{q}{p}$」です。ただし，「p」や「q」が，それぞれどんな値であるかはわかりません。そこで，左辺に「$\dfrac{q}{p}$」が来るように式を変形して，「$\dfrac{q}{p}$」の値を求めることをめざします。

［両辺を「p」で割る］　　$$\dfrac{q}{p} = 2a + op$$

「o」の値は限りなく小さいので，右辺の「op」は無視できるとニュートンは考えました。

【答】　点Aの接線の傾き　$\dfrac{q}{p} = 2a$

83

犬に原稿を燃やされた!?

　少年時代のニュートンは，物静かな性格で，ひとりでいることが多かったようです。大学でも勉学に集中し，酒やギャンブルには興味を示さなかったそうです。そんなニュートンにとって，飼っていた犬や猫は，数少ない友だちだったのかもしれませんね。

　ニュートンは，「ダイヤモンド」という名のポメラニアンを飼っていて，溺愛していたという逸話が残っています。51歳になったニュートンが，20年間の実験結果を本にまとめていたときのこと。家を留守にした間に，ダイヤモンドが火のついたロウソクを倒し，原稿を燃やしてしまったことがあったそうです。ところがニュートンは，「お前は何も知らなかったのだからしかたがない」といって許したのだといいます。

ただし，この逸話の真偽のほどは，さだかではありません。原稿が燃えたのは確かですが，ニュートンは犬を飼っていなかったという証言もあります。

8

微分すると「接線の傾きを あらわす関数」が生まれる！

ニュートンの微分法で， "万能な式"が生まれる

「$y = x^2$」上のある点Aは，どこにあっても（a, a^2）とあらわせます。このような曲線上のどこにある点でもあらわせる"一般的な"座標を使い，ニュートンの微分法（流率法）によって接線の傾きを求めると，傾きをあらわす"万能な式"を得られます。

「$y = x^2$」上のあらゆる点で，接線の傾きをあらわす"万能な式"は，「$2a$」です。

"万能な式"で，「新たな関数」が生まれる

　ここで，「$y = x^2$」上のある点Aのx座標をあらためて「x」とし，その点における接線の傾きの値をあらためて「y」としましょう。点Aのx座標をaとしたときの接線の傾きをあらわす"万能な式"は「$2a$」でしたから，点Aのx座標をxとしたときの接線の傾きの値yは「$2x$」です。つまり，yとxの関係をあらわす関数は，「$y = 2x$」になります。元の関数「$y = x^2$」から，接線の傾きをあらわす新たな関数「$y = 2x$」が生まれたのです。

　微分法によって元の関数から生まれた新たな関数のことを，「導関数」といいます。そして，導関数を求めることを，「関数を微分する」といいます。

87

8 $y = x^2$ を微分する

「$y = x^2$」上のある点A は, どこにあっても (a, a^2) とあらわせます。「$y = x^2$」上を動く点 は, 時間「o」の後には, 点A'$(a + op, a^2 + oq)$ に移動しています。この座標の値を,「$y = x^2$」に代入します。

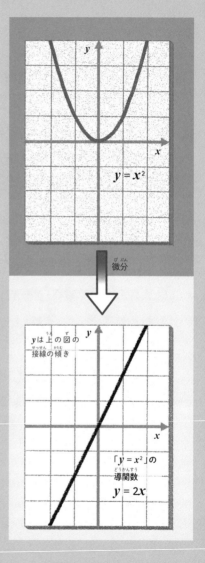

微分

yは上の図の接線の傾き

「$y = x^2$」の導関数 $y = 2x$

$$y = x^2$$

$$(a^2 + oq) = (a + op)^2$$

計算すると、 $\qquad a^2 + oq = a^2 + 2aop + o^2p^2$

両辺から「a^2」を引くと、 $\qquad oq = 2aop + o^2p^2$

両辺を「o」で割ると、 $\qquad q = 2ap + op^2$

両辺を「p」で割ると、 $\qquad \dfrac{q}{p} = 2a + op$

「op」は無視できるので、 $\qquad \dfrac{q}{p} = 2a$

「$y = x^2$」上の点 A$(a,\ a^2)$ の接線の傾き($\dfrac{q}{p}$）を
あらわす式は、「$2a$」だとわかりました。

このことから $y = x^2$ の導関数は、
「$y = 2x$」となります。

89

9 微分法を使って，「$y = x$」を微分しよう

ニュートンの微分法で，"万能な式"が生まれる

　今度は，「$y = x$」という簡単な関数を，ニュートンの微分法（流率法）を使って微分してみましょう。

　計算のやり方は，「$y = x^2$」のときと同じです。まず，定数aを使って，「$y = x$」上のある点Aをあらわします。「$y = x$」上のある点Aは，どこにあっても(a, a)とあらわせます。

　ニュートンの微分法（流率法）によって接線の傾きを求めます。「$y = x$」上を動く点は，時間「o」の後には，点Aから点A'$(a + op, a + oq)$に移動しています。点A'$(a + op, a + oq)$の座標の値を「$y = x$」に代入すると，動く点が移動してできた「直線A－A'」の傾き「$\dfrac{q}{p}$」を求

90

められます。

計算の結果，点A(a, a)の接線の傾きをあらわす“万能な式”は，「1」であることがわかります。

“万能な式”で，「新たな関数」が生まれる

　ここで，「$y = x$」上のある点Aのx座標をあらためて「x」とし，その点における接線の傾きの値をあらためて「y」としましょう。

傾きをあらわす“万能な式”は「1」でしたから，yとxの関係をあらわす関数（導関数）は「$y = 1$」（xの値によらない定数）になります。

微分法は「x^3」や「x^4」を含むような関数にも使用できるんだワン。

91

9 ▶ $y = x$を微分する

「$y = x$」上のある点A
は，どこにあっても
(a, a)とあらわせま
す。「$y = x$」上を動く
点は，時間「o」の後に
は，点A'$(a + op, a + oq)$に移動していま
す。この座標の値を，
「$y = x$」に代入します。

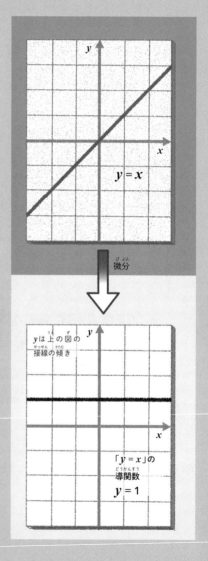

微分

yは上の図の
接線の傾き

「$y = x$」の
導関数
$y = 1$

$$y = x$$

$$(a + oq) = (a + op)$$

$$a + oq = a + op$$

両辺から「a」を引くと， $$oq = op$$

両辺を「o」で割ると， $$q = p$$

両辺を「p」で割ると， $$\frac{q}{p} = 1$$

「$y = x$」上の点A$(a,\ a)$ の接線の傾き$\left(\frac{q}{p}\right)$を
あらわす式は，「1」だとわかりました。

このことから，「$y = x$」の導関数は，
「$y = 1$」となります。

導関数が「$y = 1$」という
ことは，接線の傾きが常
に1ということだよ。

93

~ニュートンはこんな人~
猫専用のドアを発明!?

　ニュートンの発明は，数学や科学の分野にとどまりません。『自然哲学の数学的諸原理（プリンキピア）』を執筆していたころ，ペットドア（ペット用の出入り口）を発明したという逸話が残っています。

　執筆に没頭していたニュートンは，ろくに食事もとらず，残したご飯を飼っていた猫の親子にあげていたそうです。そして，猫たちが家の中と外を自由に行き来できるよう，猫専用のドアをつくったといわれています。しかも，親猫用の大きなドアと子猫用の小さなドアの２種類を，わざわざつくったそうです。ニュートンの，猫への強い愛情が感じられますね。ただ，子猫も親猫といっしょに大きなドアを使ったため，小さなドアは無駄になってしまったみたいですが……。

なお，この逸話の真偽のほども，さだかではありません。ニュートンは犬も猫もきらっていて，自分の部屋では飼わなかったと，ニュートンの秘書が話したといわれています。

関数を微分するとみえてくる「法則」とは？

最も基本的で、最も重要な微分の公式

ここまでに紹介した関数とその導関数を並べると、

関数「$y = x$」の導関数は「$y = 1$」、

関数「$y = x^2$」の導関数は「$y = 2x$」、

関数「$y = x^3$」の導関数は「$y = 3x^2$」

となります。

こうして見くらべると、何か「法則」がみえてきませんか？

導関数になると、xの右肩に乗っていた数字がxの前に出てきて、右肩の数が1だけ小さくなっています。実はこの法則は、xの右肩の数がどんな数字でもなりたちます。一般的にあらわすと、「$y = x^n$」の関数を微分すると、導関数は「$y = $

10 微分法のまとめ

・微分法は，接線の傾きを求める方法です。
・微分法によって元の関数から生まれた新たな関数のことを，「導関数」といいます。
・導関数を求めることを，「関数を微分する」といいます。

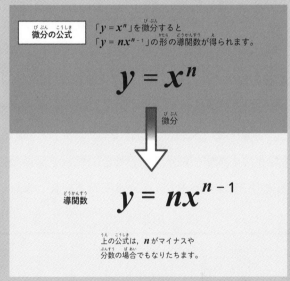

| 微分の公式 | 「$y = x^n$」を微分すると「$y = nx^{n-1}$」の形の導関数が得られます。 |

$$y = x^n$$

微分

導関数

$$y = nx^{n-1}$$

上の公式は，n がマイナスや分数の場合でもなりたちます。

法則を発見するのが，数学や科学の醍醐味なのです！

nx^{n-1}」になります。これは，最も基本的で重要な微分の公式の一つです。この公式をおぼえれば，「o」（オミクロン）を使った計算を行わなくても導関数が求められるのです。

接線の傾きがわかるだけではない

微分法の登場によって，さまざまな関数の導関数を求めることができるようになりました。この導関数は，曲線上のある点における接線の傾きを求めるときに役立つだけでなく，元の関数の「変化のようす」を分析するときにも力を発揮します。その例を，99～101ページで紹介しましょう。

私も導関数を求めるときは，毎回「o」（オミクロン）を使って計算していたわけではなく，簡略化した計算法を使うこともあったよ。

導関数のグラフから，山頂や急な坂が読み取れる

　導関数のグラフを見ると，元の曲線の「変化のようす」がわかります。

　たとえば導関数のグラフは，G点を境に，接線の傾きの値がプラスからマイナスにかわっています。これは，元の曲線のG点が，「山頂」であることを示しています。また導関数のグラフから，元の曲線のどの地点が「急な坂」であるのかも，読み取ることができます。

　ニュートンがつくりだした微分法は，変化する世界を正確に分析するための，非常に強力な道具なのです！

グラフのC点は，マイナスだった傾きがゼロになり，プラスに転じる点なので，曲線の谷底であることがわかります。

11 微分すると，「変化のようす」がわかる！

ジェットコースターのコースを微分してみよう

　微分法は，幅広い種類の曲線に応用可能です。たとえば，101ページのイラストの上の図は，ジェットコースターに見たててえがいた，山あり谷ありの曲線です。このような曲線でも，曲線の式（関数）さえわかれば，微分法が使えるのです。

　101ページのイラストの下の図は，上の図の曲線を微分して得られた導関数を，グラフにあらわしたものです。グラフの縦軸の値が，元の曲線（ジェットコースターのコース）の接線の傾きの値です。

10 元の曲線と導関数の関係

上の図は，ジェットコースターに見たててえがいた曲線と，各地点の接線を示したものです。下の図は，上の図の曲線を微分して得られた導関数を，グラフにしたものです。

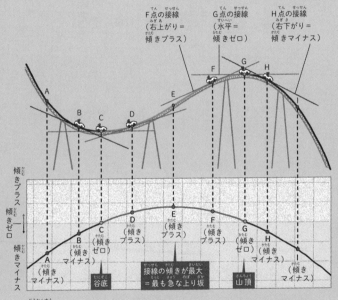

F点の接線
（右上がり＝
傾きプラス）

G点の接線
（水平＝
傾きゼロ）

H点の接線
（右下がり＝
傾きマイナス）

A

B

C

D

E

F

G

H

傾きプラス
傾きゼロ
傾きマイナス

A
（傾き
マイナス）

B
（傾き
マイナス）

C
（傾き
ゼロ）
谷底

D
（傾き
プラス）

E
（傾き
プラス）
接線の傾きが最大
＝最も急な上り坂

F
（傾き
プラス）

G
（傾き
ゼロ）
山頂

H
（傾き
マイナス）

（傾き
マイナス）

導関数のグラフ

傾きがプラスなら上り坂で，
マイナスなら下り坂ってことだね！

101

「極限」の考え方で，接線を引く

　微分と積分は一般的に，高校２年生の「数学II」で教わります。曲線の接線の性質についてもその中で習い，「極限」という考え方を使って接線を引きます。

　たとえば，放物線上の点Aに接線を引くことを考えます。まず，接線を引きたい点（点A）と，放物線上の別の点（点B）を直線で結びます。そして，放物線に沿って点Bを点Aに限りなく近づけていくと，２点を結ぶ直線が，点Aの接線に限りなく近づいていくことがわかります。これが「極限」の考え方です。

102

ニュートンの時代には，
うまく表現できなかった

　注意が必要なのは，あくまでも点Bは点Aに限りなく近づくのであり，決して点Aとは重ならないということです。点Bと点Aが重なって1点になると，直線を引くことができなくなってしまうからです。

　なお，ここでは，極限の考え方を直感的に説明しました。実際に計算で接線の傾きを求めようとすると，数学的に厳密に説明する必要が生じます。**ニュートンが生きた17世紀には，極限の考え方を数学的にうまく表現できませんでした。**

極限の取り扱いに関する数学的な課題が解決されるのは，19世紀になってからのことだワン。

12▶ 高校で教わる接線の引き方

接線を引きたい点（点A）と，放物線上の別の点（点B）を直線で結びます。点Bを点Aに限りなく近づけていくと（B→C→D→……），2点を結ぶ直線は点Aの接線に限りなく近づいていきます。

接線の引き方

①

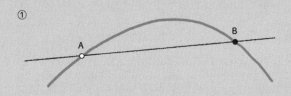

②

③

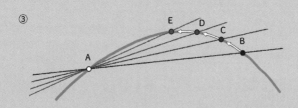

点Aの接線

④

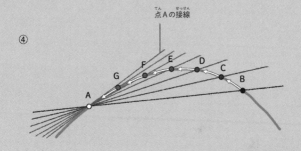

点Bを点Aに「限りなく近づけていく」
っていうのがポイントなんだね!

105

「'」や「$\dfrac{d}{dx}$」が使われる

関数を「微分する」ときには，数式に「'」（ダッシュもしくはプライム）という記号を使います。「$y = x^3$ を微分すると，$y = 3x^2$ になる」ということは，次のように表現します。

$$y' \quad = \quad (x^3)' \quad = \quad 3x^2$$

ワイダッシュ　　　　　エックス3じょうダッシュ　　　　3エックスじじょう

$f(x)$ を微分する場合には，f と (x) の間に「'」をつけて，「$f'(x)$」（エフダッシュエックス）と書きます。

「'」のかわりに「$\dfrac{d}{dx}$」を使うこともあります。y を微分したものは「$\dfrac{dy}{dx}$」（ディーワイディーエックス）と書き，$f(x)$ を微分したものは「$\dfrac{d}{dx}f(x)$」

13 微分で使う記号の意味

dxやdyの「d」とは,「微分(differential)」の頭文字「d」に由来します。dxとdyは,xやyの「微小な増分」をあらわすときにも使われます。これは,ニュートンのop,oqに相当するものです。このdxとdyを使った微分の表記法は,もう1人の微分積分の創始者といわれるライプニッツが考案したものです。

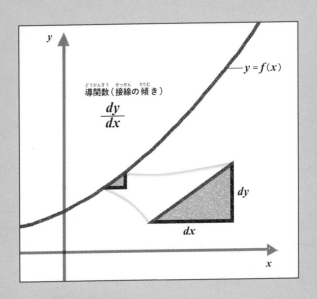

導関数(接線の傾き)

$$\frac{dy}{dx}$$

$y = f(x)$

dy

dx

y

x

dxとdyは,ニュートンの
opとoqに相当するものだワン。

（ディーエフエックスディーエックス）と書きます。

微分の計算は，各項で別々に行える

「$y = 2x^3$」のように，xn が定数倍された関数の場合，xn を微分してから，定数をかけます。

$$y' = 2 \times (x3)'$$
$$= 2 \times 3x^2$$
$$= 6x^2$$

「$y = 2x^3 - x^2 + 3$」のように，複数の項で構成された関数の場合，それぞれの項で微分します。
「3」などの定数は，微分すると「0」になります。

$$y' = 2 \times (x^3)' - (x^2)' + (3)'$$
$$= 2 \times 3x^2 - 2x + 0$$
$$= 6x^2 - 2x$$

Twitterは微分を活用！

　微分は，私たちの日常生活のさまざまな場面で利用されています。たとえば，Twitterの「トレンド機能」がそうです。Twitterとは全角140字以内の“つぶやき”を投稿できるインターネット上のサービスで，「トレンド機能」は今流行している話題を表示してくれる機能です。

　Twitterは，流行の話題を表示する際，単純につぶやかれた回数の多い言葉を調べているわけではありません。それでは，日づけや「今日」といった言葉が，流行の話題となってしまうからです。流行の話題を表示するには，つぶやかれた回数が急激にふえた言葉を調べる必要があります。

　そこで有効なのが，微分です。ある言葉のつぶやかれた回数が時間とともにどう変化したのかをあら

わした関数を微分し，関数の変化のようすを分析します。すると，つぶやかれた回数が急激にふえたのかどうかを判断できます。こうしてTwitterは，流行の話題を表示しているのです。

(出典：高校数学を100倍楽しく／学生団体POMB（数学研究会）)

熱心に取り組んだ錬金術

「微分積分」や「万有引力の法則」、「光の理論」などを発見したニュートンは，近代科学の立役者といわれています。しかしニュートンは，「錬金術」の研究にも熱心でした。

錬金術とは，鉄や鉛といった身近な金属から，金や銀などの貴金属をつくりだそうとする技術です。錬金術の研究は，紀元前の古代エジプトや古代ギリシアなどではじまったといわれ，5～15世紀の中世ヨーロッパではさかんに行われていました。

近代科学が発展すると，錬金術はニセ科学とみなされるようになりました。ところが意外にも，ニュートンは錬金術の研究に熱心だったといいます。特に28歳前後で，古代人の錬金術の知識を復元し

ようと打ちこんでいたようです。自筆のメモには,
錬金術に関する記述が65万語以上残っています。
遺髪から,錬金術の実験に欠かせない水銀が検出
されたことからも,実験に熱心に取り組んだことが
うかがえます。

ダイヤモンド

微分と積分の統一

微分法をつくりあげたニュートンは,「積分法」についても研究を進めました。積分法とは,グラフの面積を求める方法です。第3章では,古代ギリシアに端を発する積分法とニュートンの微分法が,ニュートンによって「微分積分」に統一されるようすをみていきましょう。

積分法の起源は，2000年前の古代ギリシア！

無数の三角形で，埋めつくす方法

　曲線に囲まれた領域の面積を求めるには，どうすればよいと思いますか？　古代ギリシアで最も偉大な数学者といわれるアルキメデス（紀元前287ごろ〜紀元前212ごろ）は，著書『放物線の求積』の中で，放物線と直線で囲まれた領域の面積の求め方を示しています（120〜121ページのイラスト）。その方法は，放物線の内側を無数の三角形で埋めつくすことで面積を求める方法で，「取りつくし法」とよばれています。取りつくし法は，現代の「積分法」につながる考え方です。積分法の起源は，2000年以上も昔にさかのぼるのです。

三角形を足し合わせて，面積を求める

　アルキメデスは，放物線と直線に囲まれた領域から，放物線の内側に接する三角形を切り取りました。次に残った部分から，同じように三角形を切り取りました。この作業をくりかえしていくと，放物線の内側が無限に小さい三角形で切り取られることになります。そして切り取った三角形を無限に足し合わせていくと，放物線と直線で囲まれた領域の面積が求められるのです。

アルキメデスは「浮力の大きさは，水中にある物体の体積と同量の水の重さ（＝物体が押しのけた水の重さ）に等しい」という「アルキメデスの原理」を発見したことでも有名だよ。

119

1 三角形による取りつくし法

放物線の内側に接する三角形を，三角形の面積が最大になるように切り取っていきます。切り取った最初の三角形の面積を1とすると，次の三角形は $\frac{1}{8}$，その次の三角形はそのまた $\frac{1}{8}$（最初の三角形の $\frac{1}{64}$）になり，三角形を無限に足し合わせていくと「$\frac{4}{3}$」となります。

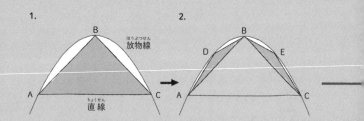

1.

B

放物線

A

直線

C

2.

B

D   E

A   C

無限に小さい三角形に分けたことで，面積を求められるようになったんだね！

4.

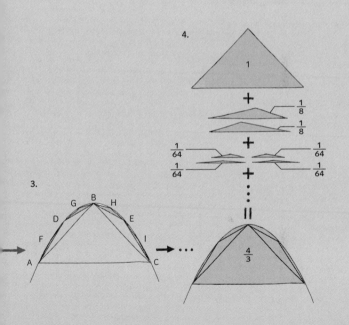

3.

積分の発想で，星の運動の法則やたるの容積を求めた

惑星の運動には，どんな法則がある？

「無限に小さい部分に分けて足し合わせる」というアルキメデスの積分の発想を，天文学に応用したのが，ドイツの天文学者のヨハネス・ケプラー（1571～1630）です。

ケプラーは1604年ごろ，ぼう大な火星の観測記録をもとに，惑星の運動の法則を求めようとさまざまな計算を試していました。そしてたどりついた法則の一つが，現在「ケプラーの第2法則」として知られる法則です。それは，「太陽と惑星を結んだ直線が一定時間にえがく扇形の面積は等しい」というものです。

2 ワインだるの容積は？

ケプラーは，ワイン商人がたるに入ったワインの量を，さし入れた棒がぬれた長さで計算することに疑問をもちました（**A**）。そこで，ワインだるを円盤の集まりとみなし（**B**），無限に薄い円盤の体積を足し合わせることで，ワインだるの容積を求めました（**C**）。

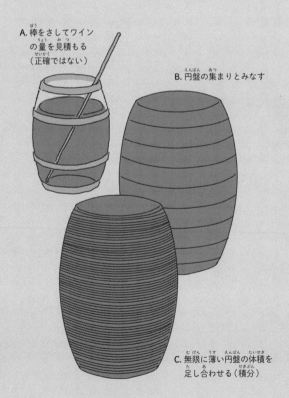

A. 棒をさしてワインの量を見積もる（正確ではない）

B. 円盤の集まりとみなす

C. 無限に薄い円盤の体積を足し合わせる（積分）

123

無限に小さい三角形に分けて，足し合わせた

ケプラーは扇形の面積を，アルキメデスのように，無限に小さい三角形に分けて，足し合わせることで計算しました。ケプラーの考え方はまさに積分なのですが，この時点では積分法が完成したとはいえません。ケプラーは，曲線に囲まれた部分の面積を求めるという，積分法の一般的な計算法を開発したわけではないからです。

ケプラーは，「無限に小さい部分に分けて足し合わせる」という考え方を応用して，ワインだるの容積を求める方法なども考案しています。

ちなみに，ケプラーの第1法則は「惑星の軌道は楕円軌道である」というものだけど，第2法則のあとに発見されたといわれているワン。

124

memo

3 17世紀に，積分の技法が洗練されていった

面積や体積を求めるための新しい方法

　17世紀，積分の発展に大きな役割を果たしたのが，ガリレオの弟子であるボナヴェントゥーラ・カヴァリエリ（1598 ～ 1647）やエヴァンジェリスタ・トリチェッリ（1608 ～ 1647）です。

　カヴァリエリは，ケプラーのワインだるの容積を求める方法にヒントを得て，面積や体積を求めるための新しい考え方を示しました。「線」を無数に積み上げれば「面」になり，「面」を無数に積み上げれば「立体」になるという考え方を使うと，一見複雑な形をした図形の面積や体積も，基本となる図形や立体との比較から求めることができるのです。これを「カヴァリエリの原理」といいます（129ページのイラスト）。

どんな曲線にも対応できる方法がほしい！

　一方，トリチェッリは，カヴァリエリの考え方を発展させて，曲線に囲まれた部分の面積や，曲線を回転させてできる立体の体積を求める方法を考案しました。しかし，どんな曲線にも対応できる一般的な方法にはたどりつきませんでした。この問題は，微分と同じように，ニュートンがあざやかに解決することになります。

トリチェッリは数学よりも，「真空」に関する実験で有名で，人類ではじめて真空をつくったんだよ。

3 無数に積み上げると？

「線」を無数に積み上げると「面」になり，「面」を無数に積み上げると「立体」になります。

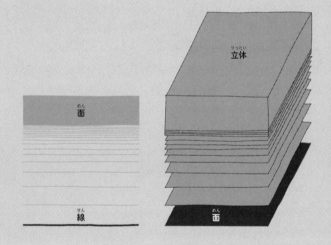

面

線

立体

面

カヴァリエリの原理

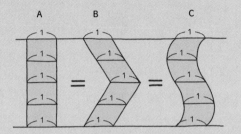

カヴァリエリの原理は、「三つの図形A、B、Cを平行な直線で切ったとき、その切り口の幅がつねに同じであれば、A、B、Cの面積は等しい」という原理です。

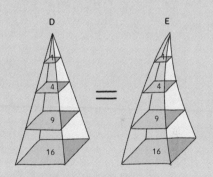

立体の断面についても同じことがいえます。平行な面で切ったときの切り口の面積がつねに等しい二つの図形DとEは、体積が等しくなります。

ロマネ・コンティは なぜ高い？

　ワインだるが登場しましたので，世界一高額な ワインといわれる「ロマネ・コンティ」を紹介しま しょう。ロマネ・コンティの価格は，1本でおよそ 213万円もします（右の表）。

　ロマネ・コンティとは元々，ワインの原料とな るブドウ畑の名前で，特にいいブドウがとれるこ とで知られています。ロマネ・コンティのあるフラ ンスのブルゴーニュ地方は，全体的に，ワイン用の ブドウ栽培に適した石灰岩質の土地です。その中で もロマネ・コンティだけが，さらに粘土質の土を多 く含むのだといいます。

　しかも，一般的にブドウ畑は数十や数百ヘクタ ール，ときには数千ヘクタールの広さがあるのに対 して，ロマネ・コンティは1.8ヘクタールしかありま

せん。そうした中で，苗木にもこだわり，家族的経営で1本1本手間ひまをかけて丁寧に育てているということです。そのため，年間の生産量は約6000本と希少性が高く，高額で取り引きされているのです。

世界高額ワインランキング

順位	名称	社名	価格	産地
1	ロマネ・コンティ	ドメーヌ・ド・ラ・ロマネ・コンティ	213万3824円	フランス ブルゴーニュ
2	ミュジニー	ドメーヌ・ルロワ	199万1696円	フランス ブルゴーニュ
3	シャルツホーフベルガー・リースリング・トロッケンベーレンアウスレーゼ	エゴン・ミュラー	149万8112円	ドイツ モーゼル
4	ミュジニー	ドメーヌ・ジョルジュ・ルーミエ	136万4832円	フランス ブルゴーニュ
5	モンラッシェ	ドメーヌ・ルフレーヴ	114万608円	フランス ブルゴーニュ
6	モンラッシェ	ドメーヌ・ド・ラ・ロマネ・コンティ	86万4864円	フランス ブルゴーニュ
7	シャンベルタン	ドメーヌ・ルロワ	86万1840円	フランス ブルゴーニュ
8	リシュブール	ドメーヌ・ルロワ	65万4976円	フランス ブルゴーニュ
9	スクリーミング・イーグル	スクリーミング・イーグル	63万5488円	アメリカ カリフォルニア
10	ボンヌ・マール	ドメーヌ・ドーヴネ	58万9232円	フランス ブルゴーニュ

2018年11月1日時点。標準ボトル（750ml）の平均価格。
1ドル＝112円で計算。（出典：wine-searcher）

131

直線の下側の面積を求めてみよう

「積分法」とは，直線や曲線に囲まれた領域の面積を求める数学の手法です。簡単にいうと，グラフの面積を求める方法です。

　まずは，直線に囲まれた領域の面積を計算してみましょう。134ページのイラスト①－Aのように，「$y=1$」の直線，「x軸」，「y軸」，そして「y軸と平行な直線」（黒い直線）で囲まれた部分（灰色の四角形）の面積を考えます。y軸と平行な直線のx座標が「x」のときは，$y=1$，x軸，y軸，$x=x$で囲まれ，底辺の長さが「x」，高さが「1」の長方形となります。面積は，底辺（x）×高さ（1）＝xです。

積分すると，
「原始関数」が生まれる

　y軸と平行な直線のx座標と，灰色の長方形の面積の関係を，新たなグラフにえがいたのが134ページのイラストの①－Bです。yの値は，①－Aの灰色の長方形の面積の値です。灰色の長方形の面積は「x」でしたから，①－Bのグラフは「y＝x」となります。

　直線や曲線をあらわす関数から，その直線や曲線に囲まれた領域の面積をあらわす新たな関数を求めることを，「積分する」といいます。関数を積分して生まれた新たな関数を，「原始関数」とよびます。

微分法は接線の傾きを求める方法で，積分法は面積を求める方法なんだね！

4 「y = 1」の 下側の面積

「y = 1」の下側の面積
をあらわす関数は,
「y = x」です。つまり,
「y = 1」の原始関数は
「y = x」です。

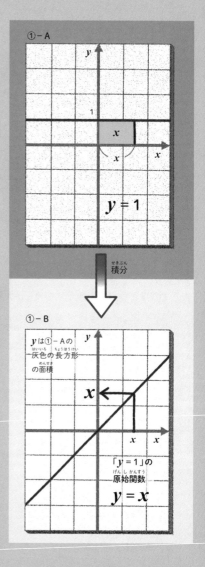

①－A

y

1

x

x

y = 1

積分

①－B

y

yは①－Aの
灰色の長方形
の面積

x

x
x

「y = 1」の
原始関数

y = x

134

$y = 1$の下側の面積は？

【1】y軸と平行な直線（黒い直線）のx座標が「1」のとき

$y = 1$, x軸, y軸, $x = 1$で
囲まれた部分（灰色の四角形）は，
1辺の長さが「1」の正方形です。
面積は，底辺（1）×高さ（1）＝1です。

【2】y軸と平行な直線（黒い直線）のx座標が「2」のとき

$y = 1$, x軸, y軸, $x = 2$で
囲まれた部分（灰色の四角形）は，
底辺の長さが「2」，高さが「1」の長方形です。
面積は，底辺（2）×高さ（1）＝2です。

【3】y軸と平行な直線（黒い直線）のx座標が「x」のとき

$y = 1$, x軸, y軸, $x = x$で
囲まれた部分（灰色の四角形）は，
底辺の長さが「x」，高さが「1」の長方形です。
面積は，底辺（x）×高さ（1）＝xです（①−A）。

このことから，①−Aの灰色の部分の
面積をあらわす関数，すなわち原始関数は

「$y = x$」となります（①−B）。

5

直線の下側の面積は，
どうあらわせる？②

ななめの直線の下側の面積を求めてみよう

次に，138ページのイラスト②－Aのように，「$y = 2x$」の直線，「x軸」，そして「y軸と平行な直線」（黒い直線）で囲まれた部分（灰色の三角形）の面積を考えてみましょう。

y軸と平行な直線のx座標が「x」のときは，$y = 2x$，x軸，$x = x$で囲まれ，底辺の長さが「x」，高さが「$2x$」の直角三角形となります。面積は，底辺（x）×高さ（$2x$）÷ 2 = x^2です。

積分すると，
「原始関数」が生まれる

　y軸と平行な直線のx座標と，灰色の三角形の
面積の関係を，新たなグラフにえがいたのが138
ページのイラストの②－Bです。

　yの値は，②－Aの灰色の三角形の面積の値で
す。灰色の三角形の面積は「x^2」でしたから，
②－Bのグラフは「$y = x^2$」の曲線となります。
「$y = 2x$」を積分すると，面積をあらわす新たな
関数である，原始関数「$y = x^2$」が生まれるの
です。

また新しい原始関数が
生まれたね！

5 「$y = 2x$」の下側の面積

「$y = 2x$」の下側の面積をあらわす関数は,「$y = x^2$」です。つまり,「$y = 2x$」の原始関数は「$y = x^2$」です。

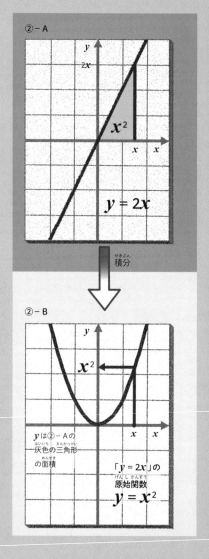

②−A

$2x$

x^2

x　x

$y = 2x$

積分

②−B

x^2

yは②−Aの灰色の三角形の面積

x　x

「$y = 2x$」の原始関数
$y = x^2$

$y = 2x$の下側の面積は？

【1】y軸と平行な直線（黒い直線）のx座標が「1」のとき

$y = 2x$，x軸，$x = 1$で
囲まれた部分（灰色の三角形）は，
底辺の長さが「1」，高さが「2」の直角三角形です。
面積は，底辺（1）×高さ（2）÷2 = 1です。

【2】y軸と平行な直線（黒い直線）のx座標が「2」のとき

$y = 2x$，x軸，$x = 2$のとき
囲まれた部分（灰色の三角形）は，
底辺の長さが「2」，高さが「4」の直角三角形です。
面積は，底辺（2）×高さ（4）÷2 = 4です。

【3】y軸と平行な直線（黒い直線）のx座標が「x」のとき

$y = 2x$，x軸，$x = x$で
囲まれた部分（灰色の三角形）は，
底辺の長さが「x」，高さが「$2x$」の直角三角形です。
面積は，底辺（x）×高さ（$2x$）÷2 = x^2

です（②−A）。

このことから，②−Aの灰色の部分の
面積をあらわす関数，すなわち原始関数は

「$y = x^2$」となります（②−B）。

6 曲線の下側の面積は，
どうやって計算する？①

小さく分けて足し合わせる

今度は，曲線「$y = 3x^2$」の下側の面積を求めてみましょう。具体的には，142ページのイラスト③－Aのように，「$y = 3x^2$」の曲線，「x軸」，そして「$x = 1$」で囲まれた灰色の部分の面積です。

先に結論をいうと，③－Aの灰色の部分の面積は「1」，面積をあらわす新たな関数である原始関数は「$y = x^3$」となります（③－B）。曲線の下側の面積は，直線の場合とちがい，四角形や三角形の面積の公式を使って求めることはできません。そこで，アルキメデスの時代からつづく積分の考え方，「小さい部分に分けて足し合わせる」という方法で面積を求めます。

140

5分割した場合の面積

　まずは，求めたい灰色の部分を縦に5分割して，長方形で近似してみます（143ページのイラスト）。すると，底辺が0.2の長方形が5個できます。各長方形の高さは，「$y = 3x^2$」を使って計算します。5個の長方形の面積を合計すると，「0.72」となります。

　イラストを見てもわかるように，求めたい部分の面積とは，だいぶ誤差があります。

この誤差はどうやって
埋めるんだろう？

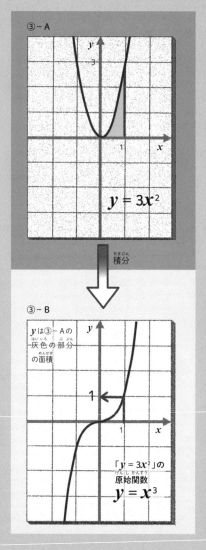

6 「$y = 3x^2$」の下側の面積

求めたい部分を縦に5分割して，長方形で近似した場合，面積の合計は「0.72」になります。

③-A

3

1

x

$y = 3x^2$

積分

③-B

yは③-Aの灰色の部分の面積

1

1

x

「$y = 3x^2$」の原始関数
$y = x^3$

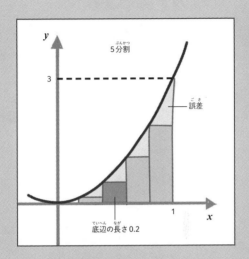

5分割

3

誤差

1

x

y

底辺の長さ 0.2

【A】5分割して長方形で近似した場合

一つの長方形の底辺の長さは0.2（$=\frac{1}{5}$）です。

各長方形の面積は，以下のようになります。
底辺（0.2）×高さ（0）= 0
底辺（0.2）×高さ（0.12）= 0.024
底辺（0.2）×高さ（0.48）= 0.096
底辺（0.2）×高さ（1.08）= 0.216
底辺（0.2）×高さ（1.92）= 0.384

5個の長方形の面積の合計は，「0.72」です。

7 曲線の下側の面積は，どうやって計算する？②

10分割，100分割した場合の面積

次に分割を細かくして，縦に10分割してみましょう（146ページのイラスト）。底辺が0.1の長方形10個で近似できます。10個の長方形の面積の合計は，「0.855」となります。

さらに細かくして，100分割するとどうなるでしょうか。一つの長方形の底辺の長さは，0.01になります。100個の長方形の面積の合計は，「0.98505」となります。見た目にも誤差が少なくなり，正確な値に近づいていることがわかります。

面積の値は「1」に近づく

　このようにして分割を細かくしていくと，面積の値は「1」に近づいていきます。この値「1」が，「$y = 3x^2$」の曲線，「x軸」，そして「$x = 1$」で囲まれた灰色の部分の正確な面積です。

　y軸に平行な直線が「$x = 1$」ではなく，「$x = 2$」の場合は，面積は「8」となります。「$x = 3$」の場合は，面積は「27」です。そして，「$x = x$」の場合は，面積は「x^3」となることが知られています。**つまり，「$y = 3x^2$」の原始関数は，「$y = x^3$」となるのです。**

100分割したら，計算結果がだいぶ「1」に近づいたね！

7 さらに細かく分割すると

求めたい部分の分割を細かくしていくと，「1」に近づいていきます。この値「1」が，正確な面積です。

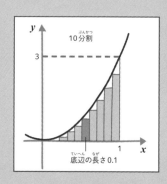

【B】10分割して長方形で近似した場合

一つの長方形の底辺の長さは0.1（＝$\frac{1}{10}$）です。

各長方形の面積は，以下のようになります。
底辺（0.1）×高さ（0）＝ 0
底辺（0.1）×高さ（0.03）＝ 0.003
底辺（0.1）×高さ（0.12）＝ 0.012
底辺（0.1）×高さ（0.27）＝ 0.027
底辺（0.1）×高さ（0.48）＝ 0.048
（以下，5個分の長方形を省略）

10個の長方形の面積の合計は，「0.855」です。

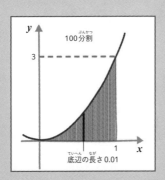

【C】100分割して長方形で近似した場合

一つの長方形の底辺の長さは0.01（ = $\frac{1}{100}$ ）です。

各長方形の面積は，以下のようになります。
底辺（0.01）×高さ（0） = 0
底辺（0.01）×高さ（0.0003） = 0.000003
底辺（0.01）×高さ（0.0012） = 0.000012
底辺（0.01）×高さ（0.0027） = 0.000027
底辺（0.01）×高さ（0.0048） = 0.000048
（以下，95個分の長方形を省略）

100個の長方形の面積の合計は，「0.98505」です。

147

関数を積分するとみえてくる「法則」とは?

微分と積分は,逆の関係

ここまでに紹介した関数とその原始関数を並べると,

関数「$y = 1$」の原始関数は「$y = x$」,
関数「$y = 2x$」の原始関数は「$y = x^2$」,
関数「$y = 3x^2$」の原始関数は「$y = x^3$」

となります。

96ページで紹介した関数と導関数のペアと,まったく同じです。

「$y = x^2$」を微分すると,導関数「$y = 2x$」が得られます。一方,「$y = 2x$」を積分すると,原始関数「$y = x^2$」が得られます。「微分」と「積分」は,たがいに「逆」の関係にあるのです。そしてこの「微分と積分は逆の関係にある」という事実こそが,これまでの積分の課題を一気に解決す

8 積分法のまとめ

・積分法は，グラフの面積を求める方法です。
・積分法によって元の関数から生まれた新たな関数のことを，「原始関数」といいます。
・原始関数を求めることを，「関数を積分する」といいます。

積分の公式

「$y = x^n$」を積分すると「$y = \frac{1}{n+1}x^{n+1} + C$」の形の原始関数が得られます。

$$y = x^n$$

積分

原始関数

$$y = \frac{1}{n+1}x^{n+1} + C$$

上の公式は n が「-1」以外の数について，なりたちます。C は積分定数です。
微分の公式と見くらべると，微分の「逆」の計算であることがわかります。

微分の公式とセットで覚えておこう！

る，ニュートンの<ruby>大発見<rt>だいはっけん</rt></ruby>なのです。

<ruby>最<rt>もっと</rt></ruby>も<ruby>基本的<rt>きほんてき</rt></ruby>で，
<ruby>最<rt>もっと</rt></ruby>も<ruby>重要<rt>じゅうよう</rt></ruby>な<ruby>積分<rt>せきぶん</rt></ruby>の<ruby>公式<rt>こうしき</rt></ruby>

<ruby>関数<rt>かんすう</rt></ruby>と<ruby>導関数<rt>どうかんすう</rt></ruby>の<ruby>間<rt>あいだ</rt></ruby>に<ruby>法則<rt>ほうそく</rt></ruby>があったように，<ruby>関<rt>かん</rt></ruby><ruby>数<rt>すう</rt></ruby>と<ruby>原始関数<rt>げんしかんすう</rt></ruby>の<ruby>間<rt>あいだ</rt></ruby>にも，<ruby>次<rt>つぎ</rt></ruby>のような<ruby>法則<rt>ほうそく</rt></ruby>を<ruby>見<rt>み</rt></ruby>いだすことができます。<ruby>一般的<rt>いっぱんてき</rt></ruby>に「$y = xn$」の<ruby>関数<rt>かんすう</rt></ruby>を<ruby>積分<rt>せきぶん</rt></ruby>すると，<ruby>原始関数<rt>げんしかんすう</rt></ruby>は「$y = \dfrac{1}{n+1} x^{n+1} + C$」（$n = -1$の<ruby>場合<rt>ばあい</rt></ruby>をのぞく。Cは<ruby>積分定数<rt>せきぶんていすう</rt></ruby>。<ruby>積分<rt>せきぶん</rt></ruby><ruby>定数<rt>ていすう</rt></ruby>については157〜159ページ）になります。これは，<ruby>最<rt>もっと</rt></ruby>も<ruby>基本的<rt>きほんてき</rt></ruby>で<ruby>重要<rt>じゅうよう</rt></ruby>な<ruby>積分<rt>せきぶん</rt></ruby>の<ruby>公式<rt>こうしき</rt></ruby>の<ruby>一<rt>ひと</rt></ruby>つです。

96ページで<ruby>紹介<rt>しょうかい</rt></ruby>した
<ruby>関数<rt>かんすう</rt></ruby>と<ruby>導関数<rt>どうかんすう</rt></ruby>のペアは
<ruby>関数<rt>かんすう</rt></ruby>「$y=x$」の<ruby>導関数<rt>どうかんすう</rt></ruby>は「$y=1$」
<ruby>関数<rt>かんすう</rt></ruby>「$y=x^2$」の<ruby>導関数<rt>どうかんすう</rt></ruby>は「$y=2x$」
<ruby>関数<rt>かんすう</rt></ruby>「$y=x^3$」の<ruby>導関数<rt>どうかんすう</rt></ruby>は「$y=3x^2$」
です。

9 ニュートンの大発見で，微分と積分が一つに！

微分積分学の基本定理

ニュートンは1665年ごろ，接線の傾きを求める「微分」とグラフの面積を求める「積分」が，「逆」の関係にあるという不思議な関係を発見しました。これまで別々の道を歩んできた「微分」と「積分」が，「微分積分」として一つに統一された瞬間です。

　この発見により，ニュートンは微分積分の創始者であるといわれているのです。そして，微分と積分が逆の関係にあるということは，「微分積分学の基本定理」とよばれています。

細かい図形に分割しなくていい

微分と積分の「逆」の関係を利用することで，それまでの積分の課題が一気に解決されます。たとえば，曲線の下側の面積を求めたい場合，もはや細かい図形に分割する必要はありません。面積をあらわす原始関数を求めればよいのです。原始関数とは，微分すれば元の関数になる関数です。

こうして，簡単に，そして正確に，曲線の下側の面積を求めることができるようになったのです。

細かく分割しなくても分かるのは，便利で楽だワン！

9 微分と積分は「逆」の関係

関数 $F(x)$ を微分すると $f(x)$ になるとき，$f(x)$ は $F(x)$ の導関数です。また，$f(x)$ を積分すると $F(x)$ が得られます。このとき，$F(x)$ は $f(x)$ の原始関数です。

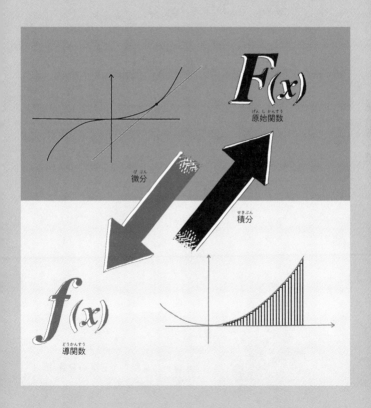

$F(x)$

原始関数

微分

積分

$f(x)$

導関数

独特な記号が使われる

関数を「積分する」ときには，数式に「∫」（イン
テグラル）と「*dx*」という記号を使います。「*y* =
$3x^2$ を積分すると，*y* = x^3 になる」ということは，
次のように表現します（*C* は積分定数。積分定数
については157 〜 159 ページ）。

$$\int y\,dx \quad = \quad \int 3x^2\,dx \quad = \quad x^3 + C$$

インテグラルワイディーエックス　　　　インテグラル3エックスじじょうディーエックス　　　　エックス3じょうたすシー

C は一つに限定できない定数
をあらわしているよ。

154

10 積分で使う記号の意味

「$\int$」は，「合計」を意味するラテン語の「summa」の頭文字「s」を，縦長にしたものです。「$\int ydx$」という積分の表記は，「細長い長方形の面積（$y \times dx$）の合計」という意味なのです。この「$\int$」を使った積分の表記法は，もう1人の微分積分の創始者といわれるライプニッツが考案したものです。

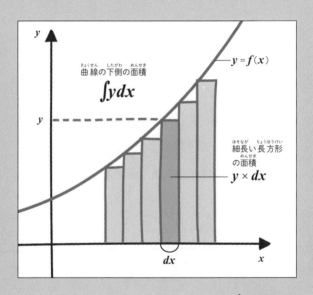

曲線の下側の面積
$$\int ydx$$

$y = f(x)$

細長い長方形の面積
$$y \times dx$$

dx

$\int ydx$は，「細長い長方形の面積の合計」という意味なんだね！

積分の計算は，
各項で別々に行える

「$y = 6x^2$」のように，xn が定数倍された関数の場合，xn を積分してから定数をかけます。

$$\int y dx = 6 \times \int x^2 dx$$
$$= 6 \times \frac{1}{3}x^3 + C$$
$$= 2x^3 + C$$

「$y = -2x^3 + 3$」のように，複数の項で構成された関数の場合，それぞれの項で積分します。「1」は，積分すると「$x + C$」になります。C は，各項につける必要はありません。

$$\int y dx = \int (-2x^3 + 3)\, dx$$
$$= -2 \times \int x^3 dx + 3 \times \int 1 dx$$
$$= -2 \times \frac{1}{4}x^4 + 3 \times x + C$$
$$= -\frac{1}{2}x^4 + 3x + C$$

11 積分するとあらわれる 積分定数「C」とは？

微分すると，定数項は消える

148〜150ページで紹介した積分の公式には，積分定数「C」というものが登場しました。いったいこの「C」とは何なのでしょうか？

まず，「$y = x^2$」「$y = x^2 + 2$」「$y = x^2 - 3$」の三つの関数を微分してみましょう。微分するといずれの関数も，導関数は「$y = 2x$」となります（159ページのイラスト）。元の関数にあった「+2」や「−3」などの項（定数項）は，微分すると消えてしまいます。

今度は，この得られた導関数を積分してみましょう。「$y = 2x$」を積分すると，原始関数は「$y = x^2 + C$」となります。

「C」は，特定できない定数の かわり

　微分と積分は「逆」ですから，微分して積分すると，元の関数にもどるはずです。ところが，元の関数にあった「＋2」や「－3」などの定数項は，微分によって失われてしまいました。「$y = 2x$」という導関数からは，元の関数にどんな定数がついていたかを知ることはできません。

　つまり積分定数「C」とは，元の関数に存在していたものの，特定することができない定数のかわりに置いてある記号なのです。

この「C」は，微分の公式にはなかったね。

11 微分して積分すると…

関数を微分すると,「＋2」や「－3」が消えてしまいます。積分するときには,「＋2」や「－3」のかわりに「＋C」をつけます。

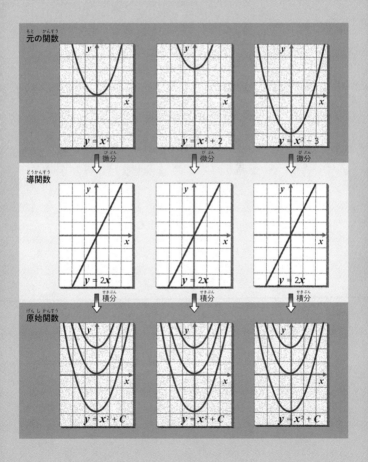

ある決まった範囲の
面積を求める方法

原始関数どうしを引き算すると，「C」が消える！

　ある関数 $f(x)$ の原始関数が，「$F(x) + C$」であらわされるとします（C は積分定数）。この原始関数で，$x = b$ のときの値から $x = a$ のときの値を引き算してみましょう。すると，

$$\{F(b) + C\} - \{F(a) + C\}$$
$$= F(b) - F(a)$$

となり，積分定数 C は消えてしまいます。つまり，原始関数の二つの値の差は，積分定数とは無関係に一つに定まるのです。

　ある関数 $f(x)$ の原始関数の一つが $F(x)$ であるとき，この原始関数の二つの値の差「$F(b) - F(a)$」を，a から b までの「定積分」とよびます。

定積分は，定積分の範囲（a から b まで）を「$\int$」

12 定積分の計算方法

定積分は，ある決まった範囲で，関数とx軸に囲まれた領域の面積を求めることです。下のグラフで，$f(x)$と「x軸」，「$x = a$」，「$x = b$」の直線で囲まれた領域の面積をSと置いたとき，Sの計算方法は次のように書きあらわすことができます。

$$S = \int_a^b f(x)\,dx$$
$$= \left[F(x) \right]_a^b$$
$$= F(b) - F(a)$$

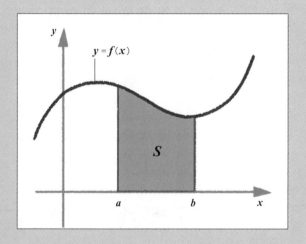

原始関数$F(x)$を求めて，$x = b$のときの値から，$x = a$のときの値を引き算すればいいんだね！

（インテグラル）の上下に書きしるし，次のよう
な記号であらわします。

$$\int_a^b f(x)\,dx$$

定積分で，
決まった範囲の面積を求められる

実は定積分は，$f(x)$と「x軸」，「$x=a$」，
「$x=b$」の直線で囲まれた領域の面積をあらわ
しています（ただし，$a \leqq x \leqq b$の範囲で$0 \leqq f$
(x)のとき）。定積分を使えば，$f(x)$と「x軸」
に囲まれた領域のうち，xがaからbの範囲の面
積を求めることができるのです。なお，$f(x)$が
負の領域のときは，負の面積として計算され
ます。

memo

バッテリー残量は積分で計算

　微分だけでなく積分も，私たちの身のまわりのさまざまな製品で使われています。たとえば，スマートフォン（スマホ）は，積分を使ってバッテリー残量を計算しています。

　スマホのバッテリーは，リチウムイオン（Li^+）が密閉された「リチウムイオン電池」です。リチウムイオンは，スマホを充電すると電池のマイナスの電極に移動し，スマホを使うとプラスの電極に移動します。スマホは充電や使用のたびに，電池の中のリチウムイオンがどちらの電極にどれだけ移動したのかを，電子回路を流れた電気の総量から推測しているのです。

　そこで使われるのが，積分です。電子回路を流れる電流が時間とともにどう変化したのかをあらわ

164

した関数を積分し，関数の下側の面積を計算します。するとその面積が，電子回路を流れた電気の総量になります。フル充電に必要な電気の総量と，充電したり使用したりしたときの電気の総量を比較すれば，バッテリー残量がわかるのです。

創始者をめぐる
泥沼の争い

　微分積分には，創始者とよばれる人物が2人います。1人はニュートンで，もう1人はドイツの哲学者で数学者のゴットフリート・ヴィルヘルム・ライプニッツ（1646 ～ 1716）です。**2人は創始者の座をめぐって，泥沼の争いをくりひろげました。**

　ニュートンは，1665年ごろに微分積分の基本的なアイデアにたどりついていたとみられます。しかしすぐには公表せず，1704年になってはじめて著書『光学』の付録「求積論」の中で発表しました。一方のライプニッツは，みずからの微分計算のアイデアを論文にまとめて，1684年に発表しました。こうした経緯から，はげしい先取権争いがまきおこったのです。

　今でいう学会にあたる英国王立協会は，ニュー

166

トンが会長だったこともあり，1713年にニュートンを創始者として認定しました。**ニュートンの策略によって，ライプニッツがニュートンの成果を盗用したとのあやまった認識が世間に広まり，ライプニッツは1716年に失意の中で亡くなってしまいました。**

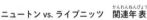

ニュートン vs. ライプニッツ　関連年表

1642年	ニュートン誕生
1646年	ライプニッツ誕生
1665年	ニュートン，微分積分学の基本定理を発見
1675年	ライプニッツ，微分積分学の基本定理を発見
1676年	ライプニッツ，ロンドンを訪問し，ニュートンの論文を読む ニュートンとライプニッツが手紙をやり取りする
1684年	ライプニッツ，微分計算の基本公式を論文で発表
1686年	ライプニッツ，微分積分学の基本定理を発表
1699年	ニュートンの信奉者ファシオが，ライプニッツがニュートンのアイデアを盗んだと非難
1704年	ニュートン，著書『光学』の付録「求積論」の中で，微分積分の成果をはじめて発表。このころからたがいの非難合戦が激化する
1711年	ライプニッツ，英国王立協会に抗議文を送る
1713年	王立協会（＝ニュートン）が，微分積分の創始者はニュートンであると認定
1716年	ライプニッツ死去
1727年	ニュートン死去

注：現代の「グレゴリオ暦」ではなく，当時の「ユリウス暦」であらわしています。

ゴットフリート・ヴィルヘルム・ライプニッツ

第4章

微分積分で "未来" がわかる

微分と積分は，ニュートンによって「微分積分」に統一されました。微分積分を使って，時間とともに変化するさまざまな現象を分析すれば，"未来"を予測することができます。第4章では，微分積分で"未来"を予測するとはどういうことなのか，くわしくみていきましょう。

接線の傾きが，「速度」を あらわすこともある

接線の傾きは，何をあらわす？

　ある陸上選手が100メートルを12秒で走った ときの時間と「距離」の関係を，グラフA（172ペ ージ）にあらわしました。このグラフAの曲線に 引いた接線の傾きは，何を意味していると思い ますか？ 実は，この接線の傾きは，その時点 での「速度」をあらわしています。

　時間と「速度」の関係をあらわしたものが，グ ラフB（172ページ）です。今度は，グラフBの 曲線に，接線を引いてみましょう。この接線の 傾きは，「加速度」をあらわしています。加速度 とは，「速度が変化する割合」のことです。

「距離」「速度」「加速度」と, 微分積分の関係

　まとめると,「距離」の関数を微分すると「速度」が求まり,「速度」の関数を微分すると「加速度」が求まります。

　また, 微分と積分は逆の関係にあります。「速度」の関数を積分すると「距離」が求まり,「加速度」の関数を積分すると「速度」が求まります。たとえば, グラフＢ（速度）の曲線の下側の面積は, 走った距離をあらわしているのです。

　微分積分って, 日常生活でも役に立ちそうね。

171

1 接線の傾きは何を示す？

「距離」「速度」「加速度」の間には，微分と積分の関係があります。微分は接線の傾きを求めること，積分はグラフの面積を求めることです。

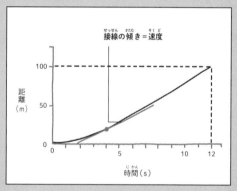

グラフA（距離）

接線の傾き＝速度

距離（m）

100

50

0

0   5   10 12

時間（s）

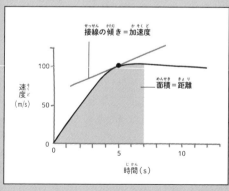

グラフB（速度）

接線の傾き＝加速度

面積＝距離

速度（m/s）

100

50

0

0   5   10

時間（s）

172

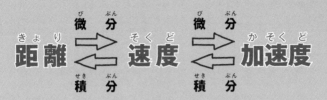

グラフC（加速度）

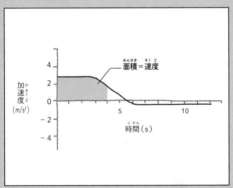

2 ロケットの高度を予測してみよう！

10秒後と100秒後の高度は，地上何メートル？

　微分積分を使えば，"未来"を予測することができます。たとえば，地球を飛び立った宇宙船や探査機が，加速や減速をくりかえしながら，いつ目的地に到着するのかも予測できます。

　それを実感する例として，地上を飛び立ったロケットの高度が10秒後，そして100秒後にどうなっているのかを計算する問題を，右のページに用意しました。

174

2 ロケットの"未来"の高度は？

【問題】

ロケットの上昇する速度（m/s，メートル毎秒）が，1秒ごとに「16m/s」ずつ速くなっていくとします※。発射から10秒後，さらに100秒後には，ロケットの高度はそれぞれ地上何メートルに達しているでしょうか？

発射後のロケットの速度と高度

発射後の時間（s）	上昇速度（m/s）	高度（m）
0	0	0
1	16	8
2	32	32
3	48	72
4	64	128
5	80	200
⋮	⋮	⋮
10	?	?
⋮	⋮	⋮
100	?	?
⋮	⋮	⋮

※：実際のロケットでは，必ずしも上昇する速度が1秒ごとに一定の速さで速くなるわけではありません。ここでは計算を簡単にするために，一定としています。

まず，「速度」の関数をつくろう！

　問題を解くポイントは，微分と積分を行うと，運動する物体の「距離」「速度」「加速度」を自在に求めることができるというところです。

　まずは，「速度（上昇速度）」の関数をつくってみましょう。「速度（上昇速度）」の関数を積分すると，「距離（高度）」を求めることができますよ（解き方と答えは178〜181ページ）。

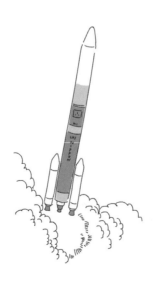

memo

速度の関数を積分すると，高度がわかる！

「速度」の関数をつくる

ロケットの高度は，「距離」「速度」「加速度」の関係を利用して求めます。

まず，ロケットは1秒ごとに16m/sずつ速くなるので，時間（x）と「速度（上昇速度）」（y）の関係は，「$y = 16x$」という関数であらわせます（181ページのグラフB）。

この式を使って計算すると，10秒後の上昇速度は160m/s，100秒後の上昇速度は1600m/sであることがわかります。

「速度」の関数を積分する

次に,「速度(上昇速度)」の関数を積分して,「距離(高度)」を求めます。積分は,グラフの面積を求めることです。グラフB(速度)の直線の下側の面積は,上昇した距離をあらわしています。

「$y = 16x$」を積分すると,「$y = 8x^2 + C$」となります。175ページの表から,発射時($x = 0$)の高度(y)は0だと読み取れるので,$C = 0$となります。つまり,「距離(高度)」の関数は,「$y = 8x^2$」になります(180ページのグラフA)。

この式を使って計算すると,発射から10秒後の高度は$8 \times 10^2 = 800$メートル,100秒後の高度は$8 \times 100^2 = 80000$メートルだとわかります。これが,問題の答えです。

3 微分積分で "未来" 予測

「速度（上昇速度）」の関数（グラフB）を積分すると，時間と上昇した距離の関係がわかります。発射時の高度はゼロなので，「距離（高度）」の関数は，グラフAのようになります。

グラフA（距離）

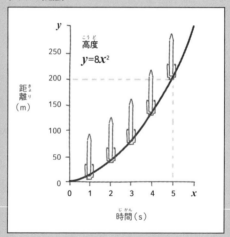

グラフB（速度）

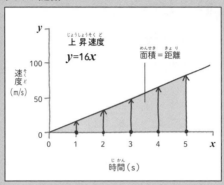

グラフC（加速度）

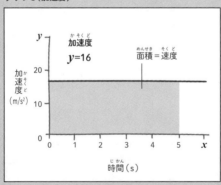

【答】発射後のロケットの上昇速度と高度

発射後の時間（s）	上昇速度（m/s）	高度（m）
10	160	800
100	1600	80000

4 ▶ 計算どおりにやってきた ハレー彗星

彗星の軌道を，正確に計算した

　最後に，ニュートンの微分積分の威力を世に知らしめた，"事件"を紹介しましょう。

　ニュートンと親交のあった天文学者のエドマンド・ハリー（1656 ～ 1743）は，ニュートンがつくりだした微分積分の技法と物理法則を習得します。そして当時の天文学の問題の一つだった，彗星の軌道を計算しました。その結果，1531 年と 1607 年，1682 年に飛来した彗星の軌道がよく似ていることに気づき，これらが同じ彗星だと見抜きました。そしてその軌道を正確に計算し，「1758 年に彗星がふたたび地球にやってくる！」と予言したのです。この彗星が，のちの「ハレー彗星（ハリー彗星）」です。

4 1758年，ハレー彗星の接近

ハレー彗星（ハリー彗星）は，ハリーの予言どおり，1758年の年末から翌1759年にかけて地球に接近しました。イラストは，1758年にハレー彗星が地球に接近したときの，太陽系の中心部のようすです。

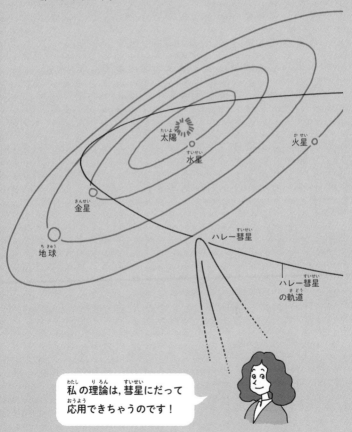

太陽

水星

火星

金星

地球

ハレー彗星

ハレー彗星の軌道

私の理論は，彗星にだって応用できちゃうのです！

183

ハリーの予言が的中！

1758年のクリスマス。ほぼハリーの予言どおり，彗星はふたたび夜空に姿をあらわしました。

当時，彗星は神秘的なもので，不吉な出来事の予兆だと信じられていました。予言の的中は，ニュートンの微分積分が迷信や神秘主義をうちやぶり，その正しさと威力を示した瞬間でした。

ハレー彗星は，再来を予言したハリー（ハレー）の功績をたたえて，あとからその名前がつけられたんだワン。

memo

恋の告白曲線！

鈴木：すごい発見したよ。「恋の告白曲線」。

矢沢：恋の告白曲線って何？

鈴木：$y = -ax^2 + bx$。

矢沢：何それ？　ちょっと簡単すぎない？

鈴木：まあ，聞いて。この a はいつごろから好きになったかの時期で，1週間前，2週間前，3週間前の三つから選ぶ。b は好きな度合いで，1，2，3の3段階。矢沢くんはどう？

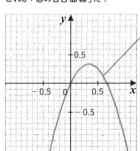

Q❶ 矢沢くんに最適な告白日はいつで，声の大きさはどのくらいでしょう？

これが「恋の告白曲線」だ！

矢沢くんの恋の告白曲線
$y = -3x^2 + 2x$

186

矢沢：式が簡単すぎなうえに，選択肢が少な！　時期はだいぶ前からだから「3」かな。度合いは「2」でいいよ。

鈴木：了解！　あてはめると$y = -3x^2 + 2x$だね。実はこの曲線の頂点のx座標が「いつ告白するとよいか」，y座標が「告白に適した声の大きさ」になりまーす！

矢沢：はあ〜？　声の大きさ関係あるのかよ。

鈴木：さあて，ここで問題！

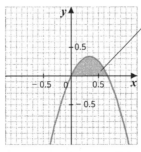

Q_2　鈴木くんによると，恋の告白曲線とx軸で囲まれた部分の面積を「恋の成就面積」というそうです。矢沢くんの恋の成就面積を計算してください。

矢沢くんの恋の成就面積

鈴木：計算すると，告白日は $\frac{1}{3}$ 日後，つまり8時間後。声の大きさは普段の $\frac{1}{3}$ 。そして恋の成就面積は $\frac{4}{27}$ となります！

矢沢：8時間後って，夜じゃん！ 電話でもいいわけ？それに，声の大きさが $\frac{1}{3}$ じゃあ，聞こえないかも…。恋の成就面積の $\frac{4}{27}$ については，どういう意味か全然わかんないよ！

鈴木：まあまあ。結果は明日，聞かせてよ。

A ❶ 告白日……… $\frac{1}{3}$ 日後
声の大きさ…普段の $\frac{1}{3}$

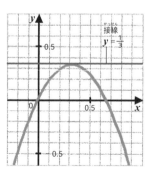

求めたいのは，「$y = -3x^2 + 2x$」の頂点の座標です。二次関数のグラフの頂点の接線は，傾きがゼロになります。

「$y = -3x^2 + 2x$」を微分すると，「$y' = -6x + 2$」になります。

頂点に接する接線は傾きがゼロ，つまり「$y' = 0$」なので，「$0 = -6x + 2$」です。

この方程式を解くと，頂点の x 座標は，「$x = \frac{1}{3}$」だとわかります。
頂点の x 座標を，元の曲線「$y = -3x^2 + 2x$」に代入すると，頂点の y 座標は，「$y = \frac{1}{3}$」だとわかります。

そして，翌日。

鈴木：どうだった？

矢沢：声がぜんぜん聞こえないって言われた…。

鈴木：そうかぁ…。恋の成就面積が小さすぎたな。恋の告白曲線の a と b の組み合わせは，9通りしかない。どの組み合わせのときに面積が大きくなるか，やってみる？

矢沢：もう結構です!!

A❷　恋の成就面積……… $\frac{4}{27}$

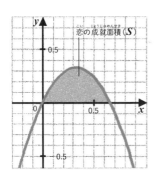

恋の成就面積（S）

求めたいのは，「$y = -3x^2 + 2x$」と「x軸（$y = 0$）」で囲まれた領域の面積「S」です。

「$y = -3x^2 + 2x$」とx軸の交点は，「$y = -3x^2 + 2x$」に$y = 0$を代入することで，

$(0, 0)$ と $(\frac{2}{3}, 0)$ だとわかります。

S は，「$y = -3x^2 + 2x$」の「$x = 0$」から「$x = \frac{2}{3}$」までの定積分で求められます。

$$S = \int_0^{\frac{2}{3}} (-3x^2 + 2x)\, dx$$
$$= [-x^3 + x^2]_0^{\frac{2}{3}}$$
$$= \{-(\tfrac{2}{3})^3 + (\tfrac{2}{3})^2\} - \{-(0)^3 + (0)^2\} = \frac{4}{27}$$

「$S = \frac{4}{27}$」だとわかります。

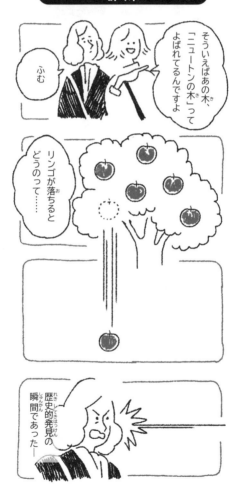

～ニュートンはこんな人～
「浜辺で遊んでいる少年」

　　ニュートンは，数学や自然科学の分野で多くの業績を残すことができた理由を問われると，「自分が人より遠くを見渡すことができたのは，巨人の肩の上に乗っていたからだ」と答えたといいます。これは，先人たちをたたえる言葉です。

　　また，自分自身に関しては，「浜辺で遊んでいる少年にすぎない」「目の前に広がる真理の大海に気づかないまま，めずらしくなめらかな小石や美しい貝殻を見つけて，喜んでいる少年のような気がした」と話したそうです。いくつかのなぞは解明したものの，まだ真理の発見には至っていないという，謙虚な姿勢をあらわしたものです。

　　これらのニュートンの言葉の根底には，神への畏敬の念があるようです。ニュートンは聖書の研究

にも熱心で，神に関する記述は，数学や物理学に関する記述よりも多いといわれています。ニュートンは，数学や物理学を，神がつくった世界を読み解くための言葉だと考えていたのかもしれません。

さくいん

あ

アイザック・ニュートン
.... 3, 11, 14〜16,
18〜21, 39, 51, 54,
57, 62〜65, 67〜69,
71〜73, 75, 83〜85,
94, 95, 100, 103, 107,
112, 114, 115, 117, 127,
150, 151, 166, 167, 169,
182, 184, 192, 193

アルキメデス
.... 119, 122, 124, 140

い

∫ (インテグラル) ....
154〜156, 160〜162, 189

え

エヴァンジェリスタ・トリチェッリ 126, 127

エドマンド・ハリー
.... 182〜184

お

o (オミクロン)
........65〜69, 71, 72, 77,
79, 80, 90, 98

か

カヴァリエリの原理
..............................126, 129

加速度..............170〜173,
176, 178, 181

傾 き..............57, 59〜61,
63〜83, 86〜93,
97〜101, 103, 107,
133, 151, 170, 172, 188

ガリレオ・ガリレイ
..............16, 21〜23, 126

関数..............38〜41, 86,
87, 90, 91, 96〜99,
106, 108, 111, 133〜135,
137〜140, 148〜150,
152〜154, 156〜161,
165, 171, 176, 178〜180

慣性の法則..............................23

き

求積論............. 17, 166, 167

驚異の諸年.................17

極限..............49, 102, 103

曲線......29, 30, 47〜49,
51, 58, 62〜65,
67〜69, 71〜74, 76,
80, 82, 86, 98〜102,
118, 124, 127, 132, 133,
137, 140, 144, 145, 152,

155, 170, 171, 187, 188

距離……28, 34, 38, 42,
65 ～ 69, 170 ～ 173,
176, 178 ～ 181

け

ケプラーの第2法則……122

原始関数……133 ～ 135,
137 ～ 140, 142, 145,
148 ～ 150, 152, 153,
157, 159 ～ 161

こ

光学……17, 166, 167

**ゴットフリート・ヴィルヘ
ルム・ライプニッツ**……
39, 107, 155, 166 ～ 168

さ

座標……28, 30,
32 ～ 36, 72, 74, 76,
77, 80, 82, 86 ～ 88,
90 ～ 92, 132, 133,
135 ～ 137, 139, 187, 188

し

**自然哲学の数学的諸原理
（プリンキピア）**
……17, 18, 94

せ

積分定数……149, 150,
154, 157, 158, 160

積分法……117, 118,
124, 132, 133, 149

接線…43, 46 ～ 53, 57 ～
66, 68 ～ 70, 72 ～ 78,
80 ～ 83, 86 ～ 93, 97 ～
105, 107, 133, 151, 170,
172, 188

接線問題……51, 57, 62

接点……46 ～ 49, 52, 60

そ

速度……12 ～ 14, 23 ～ 26,
65, 67, 73, 170 ～ 173,
175, 176, 178 ～ 181

た

ダイヤモンド
……15, 84, 116

ち

直線……29, 30, 46 ～ 48,
58～63, 66, 67, 69, 71, 72,
75, 80, 83, 90, 102～104,
118～120, 122, 129, 132,
133, 135 ～ 137, 139, 140,
145, 161, 162, 179

て

定数………35, 56, 76, 90,
91, 108, 154, 156, 158
定数項…………………157, 158
定積分………160 〜 162, 189

と

導関数………………87 〜 89,
91 〜 93, 96 〜 101, 107,
148, 150, 153, 157 〜 159
取りつくし法………118, 120

に

ニュートンの微分法
(流率法)………86, 90, 117

は

万能な式……………81, 86,
87, 90, 91
万有引力の法則
……………15, 17, 18, 112

ひ

光の理論……15, 17, 112
微分積分学の基本定理
……………………151, 167
微分法…………43, 46, 51,
57, 73, 87, 90, 91,
97 〜 100, 117, 133

ふ

プリンキピア(自然哲学
の数学的諸原理)…………17

へ

変数………………35, 38, 56

ほ

放物線…23 〜 25, 34, 35,
37, 47, 49, 50, 58 〜 61,
102, 104, 115, 118 〜 120
ボナヴェントゥーラ・
カヴァリエリ………126, 127

よ

ヨハネス・ケプラー
………………122 〜 124, 126

り

流率法……………73, 86, 90

る

ルネ・デカルト……16, 21,
32, 33, 51, 62

シリーズ第6弾!!

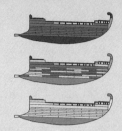

ニュートン超図解新書
最強に面白い

パラドックス

2023年7月発売予定　新書判・200ページ　990円（税込）

　パラドックスとは，正しそうにみえる前提や推論から，受け入れがたい結論がみちびかれることを指す言葉です。

　たとえば，「アキレスとカメ」というパラドックスがあります。俊足の英雄アキレスが，ゆっくり進むカメを追いかけます。アキレスの10メートル先にカメがいたとして，アキレスが10メートル進んだときにはカメは少しその先におり，アキレスがその地点にたどり着いたときにはカメはさらにもう少し先に進んでいます。アキレスは，いつまでたってもカメに追いつけないことになってしまいます。しかし現実には，そんなことはありません。

　本書は，2020年12月に発売された，ニュートン式 超 図解 最強に面白い!!『パラドックス』の新書版です。不思議なパラドックスについて，“最強に”面白く紹介します。ぜひご期待ください！

余分な知識満載だポン！

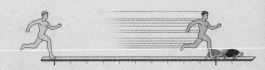